# 通信ネットワーク技術の基礎と応用
― 物理ネットワークからアプリケーションまでのICTの基本を学ぶ ―

工学博士 山中 直明
博士(工学) 馬場 健一 共著
工学博士 淺谷 耕一

コロナ社

# ま え が き

　情報通信技術（ICT）は，いまや社会にとってなくてはならない，空気や水と同じような存在である。ICT とはディジタル通信ネットワークをプラットフォームとして，そのうえで双方向的にさまざまな種類のサービスをいろいろな形（1：1や放送等）で実現し，日々進化している。

　電話は 1876 年に発明されてから約 140 年の歴史を持つ。一方，われわれが日頃からよく使っているインターネットは約 30 年，手から離すこともできないスマートフォンはまだ十数年の歴史であり，この間に加速度的な発展をしている。

　ところが，われわれはこのディジタル通信ネットワークの構造や電話のネットワーク，インターネットの基本方式をよく知らないまま利用している。そして，かつては携帯電話で電話だけをしていたのが，いまでは電話はスマートフォンとなり，そのスマートフォンを使って電車の中でニュースや動画を見るようになっている。そして未来には，自動運転車が走り回るようになるであろうことは疑いの余地もない時代をわれわれは生きている。

　一方，ディジタル通信ネットワークのベースとなる物理レイヤ部分は，例えば海底ケーブルのように長く使いたい。サービスは新しいものをすぐに使いたい，それらを経済的に行いたい，セキュリティを高いレベルで守ってほしい，といった要求がある。そのため，ネットワークはフレキシビリティと拡張性を持っている。

　これからの時代を考えると，通信ネットワークの知識は最も重要な技術の一つとなる。基礎から一通りしっかり学び，将来の研究や開発のみでなく，ビジ

ネスや社会システムを考えるうえでも大きな武器となる。そのため，本書では，できるだけ過去や歴史，経緯にも触れて，特徴や原理を説明した。そのような点で，技術の詳細の説明ではなく，「通信ネットワークの基本技術の背景にあるものの考え方」に焦点を当てることに着眼点を置いた。できあがった仕様（What）ではなく，なぜそのようになっているかの背景（Why）を理解できれば，詳細のスペックはいまや本を読んだり，ネットを見たりすれば，すぐに手に入るからである。

　本書は現代のディジタルネットワークの生みの親の一人で，本書の著者でもある淺谷耕一が11年前に執筆した『ネットワーク技術の基礎と応用—ICTの基本からQoS，IP電話，NGNまで—』（2007年，コロナ社）をベースに，仮想化や5Gネットワークを含めた最新の技術を記述し，また大学での講義で質問や疑問の多い部分をアップデートした内容となっている。

　情報ネットワークの発展経緯から，テレコム技術分野とコンピュータ技術分野の専門用語は，必ずしも統一されていない。専門用語や略語は，入門者には障壁であるため，用語の背景についても一部説明したが，かえって読みづらい点があるかもしれない。著者の意図を酌んでご寛恕いただければ幸いである。

　本書は，大学学部・大学院の教科書あるいは参考書として使用できて，かつ一般読者にもある程度理解してもらえることを意図した。特に，通信ネットワークを専門としようという方には入門編として，違う分野を専門としている方にはリベラルアーツ，つまり高い教養となると確信している。

　高度情報化社会の一翼を担う学生諸君や技術者諸君が，通信ネットワーク技術に興味を持つきっかけになれば幸いである。

2018年8月

山中　直明

# 目　　　　次

## 1.　情報通信ネットワークの基礎

1.1　ネットワーク発展の経緯 ……………………………………………… *1*

1.2　ネットワーク要素と基本機能 ………………………………………… *10*

1.3　プロトコルと OSI 階層モデル ………………………………………… *11*

1.4　ネットワークアーキテクチャ ………………………………………… *18*

## 2.　ネットワークの機能と形態

2.1　サーバ-クライアント型ネットワークと

　　　　　　　　　　　ピアツーピアネットワーク ………………… *19*

2.2　コネクション型ネットワークとコネクションレス型ネットワーク… *21*

2.3　トランスポート層におけるコネクション ……………………………… *29*

2.4　ネットワークの構造と形態 …………………………………………… *35*

2.5　メディア共有型トポロジー …………………………………………… *36*

2.6　物理リンクと論理リンク ……………………………………………… *37*

2.7　伝送媒体ネットワーク，パスネットワーク，回線ネットワーク …… *38*

## 3.　情報メディアのディジタル符号化

3.1　情報源の符号化 ………………………………………………………… *43*

3.2　ナイキストの定理 ……………………………………………………… *45*

3.3　音　声　符　号　化 …………………………………………………… *46*

3.4　オーディオ情報符号化 ………………………………………………… *52*

3.5　画　像　符　号　化 …………………………………………………… *52*

# 4. アクセスネットワーク技術

| | |
|---|---|
| 4.1 アクセスネットワークとコアネットワーク | 62 |
| 4.2 xDSL | 64 |
| 4.3 光アクセス | 68 |
| 4.4 ケーブルアクセス | 76 |
| 4.5 ISDN アクセス | 78 |
| 4.6 無線アクセス | 80 |
| 4.7 携帯電話 | 87 |

# 5. 物理レイヤとデータリンクレイヤ

| | |
|---|---|
| 5.1 アナログ伝送とディジタル伝送 | 91 |
| 5.2 伝送媒体 | 93 |
| 5.3 ディジタル変調 | 99 |
| 5.4 ディジタル中継伝送 | 100 |
| 5.5 多重化方式 | 103 |
| 5.6 ラベル多重方式と時間位置多重方式 | 105 |
| 5.7 非同期多重方式と同期多重方式 | 106 |
| 5.8 ビット同期とオクテット同期 | 107 |
| 5.9 伝送ハイアラーキ | 109 |

# 6. マルチアクセスと LAN の技術

| | |
|---|---|
| 6.1 ペイロード，スループット，ネットワーク負荷率 | 113 |
| 6.2 共有メディアとマルチアクセス制御 | 115 |
| 6.3 ランダムアクセス型プロトコル | 120 |
| 6.4 送信権巡回型プロトコル | 124 |
| 6.5 チャネル割当て型プロトコル | 129 |

# 7. 電話のネットワークと技術

7.1 番号とハイアラーキ ……………………………………………… 130

7.2 静的経路制御と動的経路制御 …………………………………… 132

7.3 電話ネットワークの経路制御 …………………………………… 133

7.4 電話交換の原理 …………………………………………………… 135

7.5 輻輳制御機能 ……………………………………………………… 137

# 8. インターネットのネットワーク層プロトコル

8.1 インターネット …………………………………………………… 138

8.2 IP アドレス ………………………………………………………… 145

8.3 IP ネットワークの経路制御 ……………………………………… 150

# 9. インターネットのトランスポート層とフロー制御

9.1 インターネットにおけるトランスポート層 …………………… 153

9.2 UDP ………………………………………………………………… 155

9.3 TCP ………………………………………………………………… 157

9.4 TCP 転送ポリシーと輻輳制御 …………………………………… 161

9.5 輻輳ウィンドウとスロースタート ……………………………… 162

# 10. トラヒックエンジニアリング

10.1 トラヒック設計 …………………………………………………… 164

10.2 通信トラヒックと呼量 …………………………………………… 166

10.3 通信トラヒックモデル …………………………………………… 167

10.4 回線交換ネットワークにおける交換機出回線数 ……………… 170

10.5 パケット通信のトラヒック設計 ………………………………… 171

10.6 大群化効果と分割損 ……………………………………………… 173

# 11. VoIP と次世代ネットワーク NGN

11.1 IP 電 話 ……………………………………………………… 175

11.2 電話番号計画と IP アドレス ……………………………… 176

11.3 IP 電話番号と IP アドレス変換 ………………………… 177

11.4 IP 電話の基本構成 ………………………………………… 179

11.5 プロトコルモデル ………………………………………… 180

11.6 H.323 制御プロトコル …………………………………… 181

11.7 SIP ………………………………………………………… 185

11.8 NGN の背景と狙い ……………………………………… 188

11.9 NGN の概要と基本構造 ………………………………… 191

11.10 NGN アーキテクチャ …………………………………… 193

11.11 NGN の構成例 …………………………………………… 196

# 12. 将来のネットワーク

12.1 データセンタネットワークと SDN ……………………… 198

12.2 サービスチューニング …………………………………… 205

12.3 データセントリックネットワーク ……………………… 207

12.4 IoT ネットワーク ………………………………………… 220

12.5 電力制御とスマートグリッド …………………………… 222

引用・参考文献 ………………………………………………… 226

索 引 …………………………………………………………… 231

# 情報通信ネットワークの基礎

## 1.1 ネットワーク発展の経緯

　情報通信ネットワークのおもなものには，電話ネットワーク，コンピュータネットワーク，インターネットがある。それぞれのネットワークは，異なる目的のためのネットワークとして独自に発展してきた。

〔1〕 電話ネットワーク

　電話ネットワークは，電話サービスをおもに提供する。テレコムネットワークあるいは電気通信ネットワークともいう。

　電話ネットワークは公衆通信サービスの提供が主目的であり，あまねく通信サービスを提供することに主眼が置かれていた。ほとんどの国では，郵電省あるいは PTT などの国の機関が直営していたか，あるいは，1985 年の電気通信市場開放以前の日本のように日本電信電話公社（現 NTT）や国際電信電話株式会社（現 KDDI）のような公的な機関が独占運営していた。例外として，米国やフィリピンなどのように，当初から複数の民間会社が運営している少数の国もある。

　公的機関あるいは民間企業のいずれによって事業運営されている場合も，基本的な電話サービスは社会基盤として位置付けられており規制対象である。

〔2〕 コンピュータ通信ネットワーク

　コンピュータが貴重資源であった時代にコンピュータを複数ユーザで共有するために構築されたのが，コンピュータ通信ネットワークの始まりである。大

学の計算機センタ間，あるいは，大型計算機とクライアント端末との間の相互接続のためのネットワークとして構築された。日本では，1981年に構築された大学間コンピュータネットワークが代表例である[1][†]。

〔3〕 パソコン通信

一般ユーザを対象にしたコンピュータ通信サービスは，1987年から1990年にかけてパソコン通信サービスとして提供が開始された。これらは，電話ネットワークを利用したモデムによるデータ通信であり，ダイヤルアップにより，無手順アクセスを用いたサーバへの接続サービスである。サーバ-クライアント型ネットワーク上で，チャットサービス，情報検索サービスなどを提供した。1995年頃からのインターネットの急速な普及を背景に，逐次TCP/IP（transmission control protocol/Internet protocol）を採用し，これらのサービスは，インターネット接続サービスと統合された。現在では，パソコン通信サービスはインターネット接続サービスのメニューの一部として提供されている。

〔4〕 インターネット

ネットワークの一部に障害が生じても通信途絶とならない軍事用ネットワークとして，米国防総省高等研究計画局ARPA（Advanced Reserach Project Agency）が開発した実験ネットワークARPAnet（1969年）が原型である。その後，米国政府機関・大学などの研究機関が開発と運用を引き継ぎ，1980年代に現在のTCP/IPを正式に採用し，1990年に商用化された後は民間主導で発展してきた。ちなみに，日本では1993年に最初の商用インターネット接続サービスが開始された。

コンピュータ通信ネットワークとインターネットは，当初は，以上のような経緯から専門知識を持つユーザやコンピュータの専門家を対象にしていた。

〔5〕 ネットワークとアプリケーションの発展

これらの情報通信ネットワークは，開発の目的が異なり，ユーザ層が異なり，また，ネットワーク事業者も通信機器ベンダも異なっていた。

---

† 肩付き数字は，巻末の引用・参考文献番号を表す。

## 1.1 ネットワーク発展の経緯  *3*

ディジタル技術の発展によって，通信・放送・コンピュータの技術の境界が明確でなくなり，技術統合が進んでいる。すなわち，電話ネットワークであっても電話サービスのみならずデータ通信サービスやインターネットアクセスを提供している。

1995 年代以降にインターネットが広範に普及すると，無手順などの独自のプロトコルを採用していたパソコン通信ネットワークが，TCP/IP を採用し，インターネットとの接続サービスの提供も併せて開始するなど，これらのパソコン通信ネットワークとインターネットとの差が明確でなくなった。

インターネットにおいても，ADSL（asymmetric digital subscriber line，非対称ディジタル加入者線），FTTH（fiber to the home），ケーブルテレビによるブロードバンドアクセスの普及により，IP（Internet protocol）電話（インターネット電話）サービスやインターネットファックスなどの，従来の電話サービスやファクシミリサービスとほぼ同等のサービスを提供している。さらに，インターネットによるテレビ配信を行う IP テレビの開発も進められている。

一方，回線ネットワークとして構築された電話ネットワークの IP 化が主流になりつつある。将来的には，すべてを IP 化する全 IP ネットワークとして従来のすべての情報通信サービスを提供する次世代ネットワーク（NGN：next generation network）へ移行が進められている。

ネットワークインフラストラクチャのディジタル化，移動通信，ISDN（integrated services digital network）とインターネットなどの情報通信ネットワークの展開を**図 1.1** に示す。

ネットワークとアプリケーションが，たがいに影響を与えつつ発展して，NGN へと統合可能となった背景の一つに，ネットワークアーキテクチャの確立が挙げられる。

ネットワークアーキテクチャの確立により，ネットワークの転送機能とアプリケーション提供機能が明確に定義され，それぞれがそれぞれの内在的な発展シナリオに従い，かつ，外部からの要求条件に対応して機能の高度化を可能とした。すなわち，ネットワークはネットワーク技術の発展を取り込みつつ高度

# 1. 情報通信ネットワークの基礎

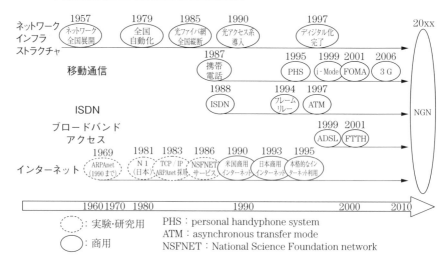

図1.1 情報通信ネットワークの展開

なネットワークへとして発展し，アプリケーションはネットワークの発展とは独立に進化した。

ネットワークにとってアプリケーションへ提供する機能が「サービス」（厳密にいえば「伝達サービス」）であり，アプリケーションにとってはエンドホストや通信端末を通してユーザに提供するものが「サービス」である。このように，「サービス」の普遍的な概念は，OSI（open systems interconnection）の階層モデルとして確立された。

ネットワークアーキテクチャが確立される以前には，情報通信ネットワークは，特定のサービス専用ネットワークとして開発された。例えば，テレックス網や，データ通信網などがこのような例である。電話ネットワークも当初は電話サービスに専用のネットワークであった。このようなネットワークはサービス個別ネットワーク（service dedicated network）と呼ばれる。

サービス個別ネットワークでは，ネットワークとアプリケーションは一体のものとして設計された。アプリケーションが固定であれば一体設計が最も経済的である。しかし，アプリケーションのバージョンアップとそれに必要なネットワークの機能向上は，同時に行う必要がある。

ネットワークアーキテクチャに従ったネットワーク転送機能レイヤ（下位階層機能）と高機能レイヤ（上位階層機能）との分離により，ネットワークは情報転送に専念する。この情報転送機能がアプリケーション（上位階層）機能とのインタフェース条件を満足する限り，アプリケーションは独自の発展が可能となった。

〔6〕 ネットワーク効果と情報通信に関わる諸法則

ハードウェアとソフトウェア技術の進歩によって情報通信技術（ICT：information and communications technology）は，加速度的に発展している。この発展に関わるいくつかの経験的法則が知られている。

① メトカーフの法則（Metcalfe's law） ネットワーク効果（network effect）あるいはネットワーク外部性（network externality）は，経済学の分野では，「財・サービスの消費者が多ければ多いほどその財・サービスから得られる効用が高まる効果」として知られている[2]。ネットワーク効果は，情報通信分野では，メトカーフの法則と呼ばれている。メトカーフの法則によるとネットワークの効用は，ユーザ数を$n$として次式で与えられる。

$$\text{ネットワークの効用} = \frac{n(n-1)}{2}$$

すなわち，ネットワークの効用は接続可能な通信相手の組合せ数に比例しているとするものである（図1.2参照）。

ファクシミリや電話機は1台だけでは役に立たない。すなわちネットワーク

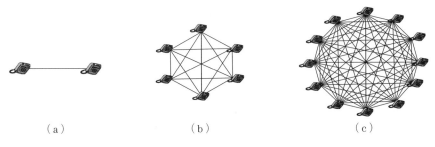

図1.2 ネットワーク効果

6 　1.　情報通信ネットワークの基礎

の効用はゼロである。2台以上あってはじめて効用が発生する。上のネットワークの効用を与える式によると，ユーザ数を $n$ としてネットワークの効用は，$O(n^2)$ のオーダで増大する。すなわち，ユーザ数が多ければ多いほど効用は増大する。少数のユーザしかいない状態では効用は小さく，ある量を超えると効用が飛躍的に増大し，ユーザ数も急激に増大する。この量をクリティカルマス（臨界量）といい，この量に達した後のユーザ数が増大する状態をロックインという。情報通信ネットワークの最大効用とは，世界中の全ユーザと接続可能なことである。効用最大化のためのグローバルな接続技術条件を保証するものが国際技術標準である。

② 　**ムーアの法則**（Moore's law）　X.25 パケット通信は，すべてをソフトウェアで処理するため，高速化の上限は，ソフトウェア処理速度の制約から数 Mbps であるとされていた。X.25 パケット通信のスループットの上限を超えるためにデータリンクレイヤによるパケットフレーム中継手順を簡略化したフレームリレーサービス（FMBS：frame mode bearer service），物理レイヤによるセルリレー手順の簡略化と情報ブロックを固定長とした ATM セルリレーサービスが開発された。フレームリレーサービスでは，最大で 45 Mbps 程度，ATM セルリレーサービスでは 150〜600 Mbps 程度のスループットが可能である。

　X.25 パケット通信は，前提としている伝送リンクの性能が十分でなかったため，誤り制御・訂正機能などが豊富であった。一方，インターネットは，IP によるパケット通信であるが，高性能の伝送リンクを前提としているため，X.25 パケット通信よりも手順は簡略である。LSI の高速化により，IP ルータの高速化も図られた。現在の IP パケット転送では，FTTH によるアクセス系を含めたスループットで 100 Mbps〜1 Gbps である。

　ブロードバンドインターネットでは，電話のような双方向で実時間性が必要なサービスや，IP テレビなどの動画のストリーミング配信が可能となった。IP を基本として，通信サービス品質を保証し，かつ安全性と信頼性を具備するネットワークが NGN である。

## 1.1 ネットワーク発展の経緯

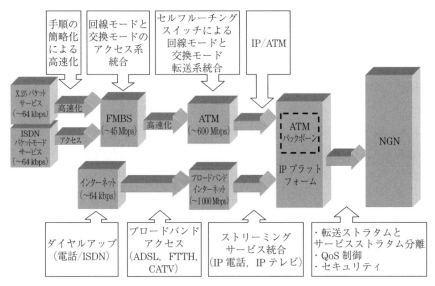

図1.3　パケット通信の高速化の歩み

パケット通信の高速化の歩みを図1.3に示す．

LSIの高速化と，手順の工夫により高速化が図られてきた．現在では，パケット通信によって，ナローバンドからブロードバンドにわたるさまざまな情報通信サービスが提供可能となった．

LSIの高速化は，ムーアの法則に従って発展してきたといわれている．ムーアの法則によると，単一チップ上に集積搭載可能なトランジスタ個数は24箇月ごとに2倍，すなわち，7年余りで10倍になる[3]．ムーアの法則は経験則であるが，ムーアの法則をガイドラインとしてCPUの高速化開発が行われた．現在では，パソコンによる動画信号のリアルタイム処理が可能である．CPUの高速化は，ブロードバンドネットワークとブロードバンドアプリケーションの普及をもたらした．

ムーアの法則を図1.4に示す．最初のCPU4004（クロック周波数750 kHz）のトランジスタ数が2 000個/チップであったのに対して，4コアを1チップ上に実装したクアッドコア Core2Quad（クロック周波数2.66 GHz）では約8億個/チップである．40年でトランジスタ数で40万倍，クロック周波数で3 550

*8    1. 情報通信ネットワークの基礎*

倍の高性能化が図られたことになる。

ちなみに，1969年に京都大学大型計算機センターに設置された大型コンピュータの性能は0.8 MIPS[†]であった。2003年のPCのCPU（Pentium 4，3 GHz）の性能は1 000 MIPS程度である。1985年に導入されたスーパーコンピ

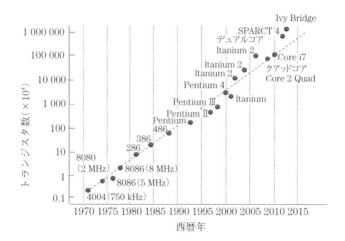

図1.4　ムーアの法則（CPUの集積度の推移）

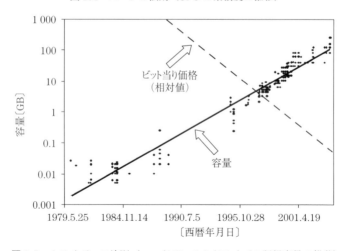

図1.5　クライダーの法則（ハードディスクドライブの記録容量の推移）

---

[†]　MIPS：コンピュータの処理速度を表す単位。1 MIPSのコンピュータは，1秒間に100万回の命令を処理する。

ュータの性能は 267 FLOPS[†]であるのに対し，同じ CPU を使用した PC の性能は 1 040 MFLOPS である[4]。

③　**クライダーの法則（Kryder's law）**　　クライダーの法則は，ムーアの法則をハードディスクに適用したものである。その内容は「ハードディスクドライブの記録密度は 15 年で 1 000 倍になる」というものである[5]。この法則の

---

**IT をめぐる諸経験則**

　ボブ・メトカーフ（Bob Metcalfe）は，イーサネットの発明者である。ネットワーク効果そのものについては一般的に認められているが，ネットワーク効果の定量性 $O(n^2)$ については異論もある。

　メトカーフの法則はネットワーク効果を過大に評価し，実際には $n \log (n)$ であるという研究がある[6]。

　一方，メトカーフの法則はネットワーク効果を過小評価しており，実際の効用は指数関数的に増大する（$2^N-N-1$）という研究もある[7]。

　これらのよく知られた法則以外にも，情報通信分野では，つぎのロックの法則（Rock's law），ウァースの法則（Wirth's law），ICT に関するマーフィーの法則（Murphy's law）などが知られている。

　**ロックの法則**　　半導体開発ツールの価格は 4 年で 2 倍になる。開発ツールの価格上昇は半導体の価格低下より当然遅くなければならない。すなわち半導体は価格低下が必然である。

　**ウァースの法則**　　ソフトウェアの要求する処理量の増大による処理速度の低下は，ハードウェアの進歩による処理速度の高速化よりもつねに大きい。換言すると，CPU のおかげで高速処理が可能になると，高速処理を前提として開発されるソフトウェアのおかげで増大する処理量は高速化を上回る。別名ライザーの法則（Reiser's law）ともいう。

　**マーフィーの法則**　　ハードディスクはつねに満杯である。ハードディスクを増設するとデータは空きディスクを埋めるべく増大する[8]。これは，また「冷蔵庫の法則」としても知られている。すなわち，「冷蔵庫はつねに満杯である。冷蔵庫が小さくて満杯だからといって，大きな冷蔵庫に買い替えても，すぐに満杯になる[9]。」

---

†　FLOPS：コンピュータの処理速度を表す単位。1 FLOPS のコンピュータは，1 秒間に 1 回の浮動小数点数演算（実数計算）を実行する。

発表当初は10.5年で1 000倍（13箇月で2倍）とされたが，これは間違いであることが判明し，後に，現在の「15年で1 000倍」に訂正された。ハードディスクドライブの記録容量の推移を図1.5に示す。さらに，ビット当りの価格低減は，これをさらに上回り，1年で1/2のペースで低減している[6]。

## 1.2　ネットワーク要素と基本機能

情報通信ネットワークは，ユーザ端末とユーザ端末間の情報転送のための分散配備されたさまざまな情報転送機能の集合体である。最も単純な1対1エンド-エンド接続を表現する情報通信ネットワークの基本接続構成と基本機能を図1.6に示す。

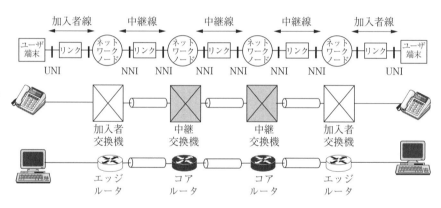

図1.6　情報通信ネットワークの基本接続構成と基本機能

ネットワークの基本機能要素はつぎのとおりである。

① **ユーザ端末**　コンピュータあるいは電話などの情報通信端末である。接続モデルの終端点に位置することから，エンドノードあるいはエンドホストとも呼ばれる。ネットワークアプライアンスともいう。アプライアンスとは家庭やオフィスなどで使用する家電機器などの電気機器をさす。ネットワークアプライアンスとは，ネットワークに接続されるこれらの電気機器を意味する。

## 1.3 プロトコルと OSI 階層モデル　　*11*

② **アクセスリンク**　　ユーザ端末とネットワークのサービスノードとを接続する。電話の場合には加入者線に相当する。

③ **サービスノード**　　ネットワーク内でユーザ端末にアクセス機能を提供するサーバあるいは加入者交換機である。アクセスルータ，エッジルータ，エンドルータともいう。エッジとは文字どおりネットワークの端（エッジ）を意味している。

④ **中継ノード**　　中継転送用のコアルータ，中継ルータ，中継交換機などのネットワークノードである。

⑤ **中継リンク**　　これらのノードを接続する伝送リンクあるいは伝送システムである。

ネットワークサービスは，これらの機能を統合的に使用して，エンド-エンド間（ユーザ端末-ユーザ端末間）の情報転送機能をユーザに提供する。

## 1.3　プロトコルと OSI 階層モデル

〔1〕 階 層 モ デ ル

発信ユーザ端末から受信ユーザ端末への通信の過程は，つぎのとおりである。

① 発信ユーザ端末は，通信したい情報を生成する。

② コネクション型ネットワークの場合には発信ユーザ端末はネットワーク
　内のサービスノードに対して通信要求を送出する。コネクションレス型ネ
　ットワークの場合，この過程を経ずに過程 ④ に進む。

③ コネクション型ネットワークの場合には，ネットワークは受信ユーザ端
　末までのコネクションが空いていることを確認し，空いている場合には受
　信端末に呼出し信号を送出する。受信端末が応答した後に，コネクション
　を設定する。

④ 発信ユーザ端末は，サービスノードに対して情報を送出する。

⑤ サービスノードは，発信ユーザ端末からの情報を受信し，ネットワーク

*12*　　1.　情報通信ネットワークの基礎

内の適切な中継ノードへ向けて転送する。

⑥　中継ノードは，サービスノードから情報を受け取り，適切な方路を選択してつぎの中継ノードへ再送信する。

⑦　受信側のサービスノードは，中継ノードから情報を受信し，受信ユーザ端末へ情報を中継する。

⑧　受信ユーザ端末は，そのサービスノードから情報を受信する。

情報転送を正確に行うために，通信にかかわるこれらのノードでの標準的な処理手順が定められている。この処理手順のことをプロトコル（plotocol）と呼ぶ。プロトコルは，もともと，国と国が国交のために取り決める外交儀礼のことである。

処理手順とそれに必要な機能のまとまりのよいものにグループ化し，さらに，これらの手順の前後の標準形を定めておくことが，ネットワークの複雑な機能を理解し，設計し，実装するのに有用である。OSIの7階層モデルはそのためのモデルの一つであり，広く使用されている[9]。

OSIの7階層モデルの各層の名称と基本機能を**表**1.1に示す。また，階層型

---

**交換機，ルータ，サーバ**

交換機は，ダイヤルされた番号情報に基づき，複数の入回線を目的の方路への出回線に接続し経路選択を行う。ルータはIPアドレスに基づき出線選択を行う。経路選択機能という点では交換機とルータは同等の機能を実現している。

加入者交換機はユーザに接続サービス（ネットワークサービス）を提供するサーバである。それに対して，インターネットではサーバは電子メールやWWWなどのサービス（アプリケーション）を提供するコンピュータをさす。例えば，メールサーバ，Webサーバなどがこれにあたる。本来のサービスを提供するものという意味では同じである。

「サーバ-クライアント通信」でいう「サーバ」は後者である。すなわち，サーバ-クライアント通信とは，片方のエンドホストがサーバで，他方がクライアントである。ただし，ネットワークから見た場合には双方ともユーザエンドノードである。

### 1.3 プロトコルと OSI 階層モデル　　13

表1.1　OSI の 7 階層モデルの各層の名称と基本機能

| | 階　層 | 内容と例 | 情報交換の単位 | |
|---|---|---|---|---|
| 第7層 | アプリケーション層<br>(application layer) | WWW，電子メール，ファイル転送などのアプリケーションが機能するためのプロトコル。http, smtp, ftp など | APDU | 高位レイヤ |
| 第6層 | プレゼンテーション層<br>(presentation layer) | アプリケーション層で利用されるデータの表現形式および表現形式間の変換 | PPDU | 高位レイヤ |
| 第5層 | セッション層<br>(session layer) | セッション（通信の開始から終了までの一連の手順。エンドエンド間データの同期など）プロトコル | SPDU | 高位レイヤ |
| 第4層 | トランスポート層<br>(transport layer) | エンドエンド間データ転送プロトコル，信頼性の高い TCP。リアルタイム性の高い UDP など | TPDU<br>セグメント | 高位レイヤ |
| 第3層 | ネットワーク層<br>(network layer) | エンドエンド間のルーティング（通信経路選択）。IP など | パケット | 低位レイヤ |
| 第2層 | データリンク層<br>(data link layer) | 隣接ノード間送受信のためのデータのパケット化の方法と送受信プロトコル | フレーム | 低位レイヤ |
| 第1層 | 物理層<br>(physical layer) | データリンク層からのフレームをビット列へ変換，あるいはその逆変換。物理媒体の電気的インタフェースおよび変調方式など | ビット | 低位レイヤ |

〔注〕　APDU : Application Protocol Data Unit　　　PPDU : presentation PDU
　　　　SPDU : session PDU　　　　　　　　　　　　TPDU : transport PDU

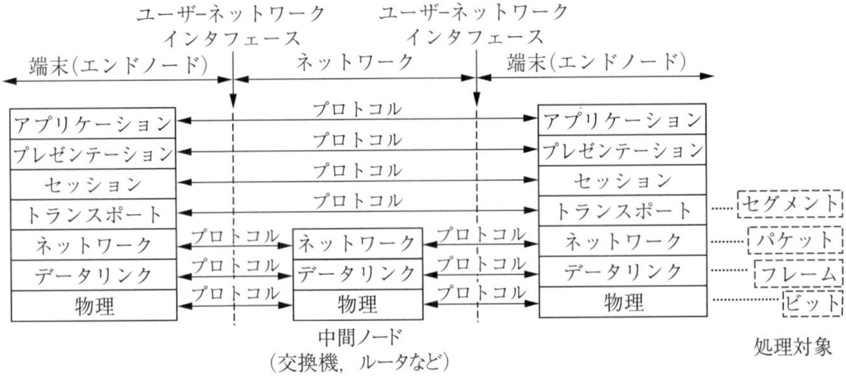

図1.7　階層型プロトコルによるエンド-エンド通信モデル

プロトコルによるエンド-エンド通信モデルを図1.7に示す。

第1層～第3層は低位レイヤ，第4層～第7層は高位レイヤと呼ばれる。低位レイヤは，信号の転送を担当し，伝達レイヤとも呼ばれる。高位レイヤはアプリケーションに関わる処理を担当し，高機能レイヤとも呼ばれる。ネットワークは第1層～第3層を処理し，端末は第1層～第7層を処理する。

〔2〕 階層モデルの原則と実際のプロトコル

階層モデルの原則は以下のとおりである。

① 各階層の機能は，階層間にまたがることなく明確に分離されており，階層間の機能は独立である。

② 一連のプロトコル処理は，必ず各階層を一方向で処理が進むように構成される。発信端末では上位層から下位層方向へ，受信端末では下位層から上位層方向へ処理される。すなわち，各階層はプロトコル処理の時系列の順に機能配備される。一連の手順においては階層間の境界（インタフェース）を手順が往復することはない。

　パケット損失などが発生してパケット再送する場合には，正常時のパケット転送手順に対して，パケット転送が確認できなかったパケット紛失の場合の「パケット再送手順」という一巡の手順であると考えればよい。

③ 階層化とは，すべての必要な手順と機能を，階層としてグループ化することである。階層間のインタフェース条件を守る限り，各階層は他の階層に影響を与えないで，機能の改善や拡張が可能となる。

④ 階層化と実装は必ずしも対応しない。例えば，複数階層の機能を一つの機能モジュールに実装することは可能である。その場合には，機能の改善や拡張はその機能モジュール単位で可能となる。

また，必要に応じて階層内に複数のサブグループを設ける入れ子構造を持つ副層（サブレイヤ）を設ける場合もある。この場合の副層間の関係は階層間の関係と同じである。すなわち，副層間は独立で，手順は片方向にのみ処理される。副層の例として，イーサネットのデータリンク層の副層として，MAC副層（media access control）とLLC副層（logical link control）が規定されている。

## 1.3 プロトコルとOSI階層モデル

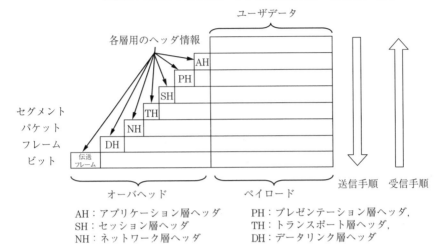

図1.8 階層型プロトコル処理の流れ

階層型プロトコル処理の流れを図1.8に示す。

実際に実装されるプロトコルでは，7階層すべての機能が定義されない場合もある。すなわち，機能としては何も定義されない階層を持つプロトコルもある。この場合には，その階層は直下の階層からのサービスを直上の階層に中継する機能のみを持つ。例えば，専用線によるノード間接続では，固定接続されているため相手ノードまでのルート選択機能は必要ない。したがって，専用線の接続プロトコルのネットワーク層（経路選択機能）は空（null）である。

すべてのプロトコルがOSIの7階層モデルに準拠して開発されているわけではない。例えば，よく誤解されるが，インターネットのプロトコルモデルは4階層である。OSI階層モデルとインターネットプロトコルスタックの対応を図1.9に示す。

例えば，インターネットプロトコルのTCPは，トランスポート層（第3層）のプロトコルであるが，OSI階層モデルの機能では，同じくトランスポート層であっても第4層となる。四つの階層がOSIの7階層モデルのどの階層に相当するかを対応付けることにより，他のプロトコルとの相互接続のための

*16*　　1. 情報通信ネットワークの基礎

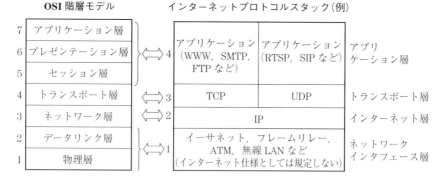

図 1.9　OSI 階層モデルとインターネットプロトコルスタックの対応

ゲートウェイなどの設計指針となる。このように，OSI の 7 階層モデルは，異なるプロトコルを持つ異種ネットワークの相互接続などに対する国際的に統一された，ものさしとしての意義が大きい。

---

**スイッチ，交換機，ルータ**

　現在では，ディジタル技術の発展により，これらのネットワーク機器の機能がそれぞれ拡張され，それらの差があいまいになりつつある。しかし，歴史的にそれぞれが独自の発展をしてきたことにより，同じ技術用語が別の語義で使用されたり，同等の機能を示すのに別の用語が使用されたりする。

　前者の例として「スイッチ」，後者の例としてサービス提供機能としての「サーバ」と「交換機」，経路選択機能としての「ルータ」と「交換機」がある。

　「スイッチ」は，テレコムの世界では交換機（ネットワーク層で経路選択）のことをさすが，インターネットの世界では宛先ノードが接続されているポート選択をデータリンク層でハードウェアによって高速に行うブリッジ（スイッチングハブともいう）を意味する。

　商品名に技術的な用語を使用する例があるが，厳密な定義付けがなされている場合もあるし，厳密な意味で正確に使用されていない場合もある。例えば「レイヤ 7 スイッチ」はネットワーク機能としてのスイッチではなく複数サーバの制御あるいはアプリケーション選択制御のための機能デバイスをさす。

　ちなみに交換ネットワークは「switched network」，スイッチング素子から構成される交換機内のスイッチング回路網は「switching network」，「switch network」である。

〔3〕 サービス，サービスプリミティブ，インタフェース

各階層は，プロトコルを使用して対向するノードの同じ階層（ピア層：peer layer）と通信する。すなわち，プロトコルは，ネットワーク内の対向するノードの各層どうしが，通信を開始し，通信を維持し，通信を終了するまでに必要な手続きを定めたものである。

この同じ階層どうしの通信形態のことをピア間通信（peer to peer communication）と呼ぶ。すなわち，対等な（peer）階層どうしの通信をさす。コンピュータ内の各階層間をインタフェース，下の階層から上の階層へ提供されるものをサービス，上の階層から下の階層への要求をサービスプリミティブ（サービス要求命令）と呼ぶ。サービスとサービスプリミティブがやり取りされるインタフェース上の場所をサービスアクセスポイント（SAP）と呼ぶ。サービスとサービスプリミティブを図1.10に示す。サービスプリミティブの例を表1.2に示す。

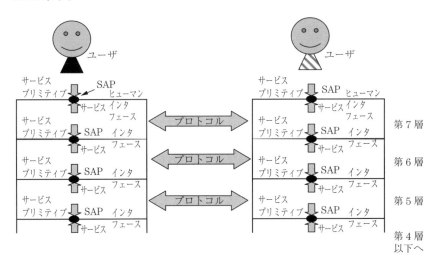

図1.10 サービスとサービスプリミティブ

第7層（アプリケーション層）の上位層はユーザ自身である。当然ながら，ユーザには第7層からのサービスが提供される。また，アプリケーション層とユーザとのインタフェースは，ヒューマンインタフェースあるいはマンマシン

**18**　　1.　情報通信ネットワークの基礎

表 1.2　サービスプリミティブの例

| サービスプリミティブタイプ | 内　容 | 例 |
|---|---|---|
| 要求（request） | サービスを要求 | コネクション確立 |
| 指示（indication） | イベントに関する情報を要求 | 着信端末へのシグナル送出 |
| 応答（response） | イベントに関する応答を要求 | 着信端末による受信許諾 |
| 確認（confirm） | 以前に出した要求に関する応答 | 受信端末による受諾通知 |

インタフェースと呼ばれる。

# 1.4　ネットワークアーキテクチャ

　ネットワークアーキテクチャとは，階層化によるネットワークと端末の通信のための機能のグルーピングとプロトコル（通信規約）の体系をさす。

　ネットワークアーキテクチャの対象は，相互に接続されたコンピュータの相互接続のための機能と構造である。特徴は上述した機能のグルーピングとグループ間の独立性である。

　ネットワークアーキテクチャが確立する以前には，個別の特定のサービス専用のネットワークが設計されていた。そのため，サービスとネットワークのどちらか一方を変更・拡張すると，他方にも影響が出るため双方を同時に変更・拡張する必要があった。

　ネットワークアーキテクチャが開発されたことにより，ネットワーク機能とサービス機能が分離された。この機能分離により，既存サービスに縛られることなく，技術の進展に応じて，ネットワークの高度化が可能となり，あるいは，既存ネットワークに縛られることなくサービスの発展が可能となるなど，それぞれの技術の進歩を独立に取り入れることが可能となり，たがいに独立して多様に発展させることを可能とした。

# ネットワークの機能と形態

## 2.1 サーバ-クライアント型ネットワークとピアツーピアネットワーク

ネットワークのエンドノードの役割に着目したネットワークタイプとして，サーバ-クライアント型ネットワーク（server-client network）と，ピアツーピアネットワーク（peer to peer network）あるいは簡単にP2Pネットワーク（読み方はピーツーピーネットワーク）とがある。

サーバ-クライアント型ネットワークと，ピアツーピアネットワークの通信形態を図2.1に示す。

サーバ-クライアント型ネットワークとは，アプリケーションサービスを提供するアプリケーションサーバとそのサービスを享受するクライアントコンピ

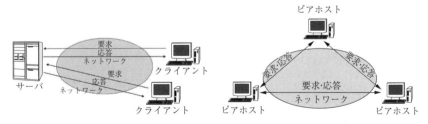

（a）サーバ-クライアント型ネットワーク　　（b）ピアツーピアネットワーク

図2.1　サーバ-クライアント型ネットワークとピアツーピアネットワークの通信形態

**20**　**2.　ネットワークの機能と形態**

ュータという，非対等関係にある 2 種類のコンピュータをユーザ端末とする通信形態を提供するネットワークをさす。例えば，Web サービスは，Web サーバによって提供されるホームページなどのコンテンツ情報をクライアントコンピュータが検索取得するサービスであり，サーバ-クライアント型ネットワークの提供するサービスの例である。ここでいうアプリケーションサーバとクライアントコンピュータは，あくまでもネットワークにとってはユーザ端末であり，ネットワーク要素であるサービスノードとしてのサーバと混同しないように注意が必要である。

これに対して，すべてのコンピュータ（ユーザ端末）が対等に他のコンピュータ（ユーザ端末）に対してサービスも提供し，かつ，他のコンピュータの提供するサービスも享受するネットワークをピアツーピアネットワークという。ここでいう「ピア」とは，対等の立場のホストコンピュータをさしている。

サーバ-クライアント型ネットワークとピアツーピアネットワークの基本構成を**表 2.1** に示す。

表 2.1　サーバ-クライアント型ネットワークとピアツーピアネットワークの基本構成

| タイプ | サーバ-クライアント型 | ハイブリッド P2P 型 | ピュア P2P 型 |
|---|---|---|---|
| 接続構成 | | | |
| 構成要素 | ○ クライアント<br>● センタサーバ | ○ ピアホスト<br>● センタサーバ | ○ ピアホスト |
| ファイル<br>探索・検索 | センタサーバ | センタサーバ | ピアホスト |
| ストレージ | センタサーバ | ピアホスト | ピアホスト |
| 例 | SETI@home | Napster, WinMX,<br>CoopNet* | Gnutella, Freepoint,<br>Winny |

〔注〕　*Cooperative Networking

ピアツーピアネットワークには，センタサーバを持たないすべてのホストコンピュータが対等なピュア P2P と，一部の機能をセンタサーバが分担するハイブリッド P2P がある。

類似の用語に,「ピアツーピア通信」と「ピア間通信」がある。これらは,
OSIの7階層モデルの同一階層間（ピア階層間）で行う通信を意味するので注
意が必要である。この場合の「ピア」は,対等な立場の同一階層を意味する。

## 2.2 コネクション型ネットワークとコネクションレス型ネットワーク

通信の設定方式に着目すると,情報通信ネットワークにはコネクション型ネ
ットワークとコネクションレス型ネットワークがある。

回線交換ネットワークでは,通信に先立ちネットワーク資源である回線
(circuit, あるいはコネクション connection）を設定し,回線により通信を提
供する。パケット交換ネットワークでは,通信に先立ちネットワーク資源であ
る帯域（仮想回線 VC : virtual circuit, あるいは仮想コネクション virtual con-
nection）を確保（仮想回線設定）し,通信サービスを提供する。通信開始に
先立って行う手順を回線設定（仮想回線設定）,コネクション設定（仮想コネ
クション設定）と呼ぶ。

通信の開始から終了までを呼（call）と呼ぶ。パケット通信では仮想呼
(virtual call）と呼ぶ。回線設定（仮想回線設定）はまた,呼設定（仮想呼設
定）とも呼ぶ。

コネクションレス型ネットワークでは,通信開始に先立って,回線あるいは
仮想回線などのネットワーク資源の確保は行わない。すなわち,転送すべき情
報が発生するとネットワークの負荷状態にかかわらず,宛先の情報を付加して
ネットワークに向けて転送する。

〔1〕 コネクション型ネットワーク

パケット交換ネットワークは,すべてがコネクションレス型ネットワークと
いうわけではない。つまり,コネクション型ネットワークには回線交換ネット
ワークとパケット交換ネットワークとの両方がある。電話ネットワークは回線
交換のコネクション型ネットワークの代表的なものである。

## 22    2. ネットワークの機能と形態

電話ネットワークでは，発信ユーザ端末からの通信要求を受信すると，まず，ネットワーク資源（回線）と受信ユーザ端末がその通信要求に対して，サービスを提供できるかをチェックする。新たな通信要求に対して，回線を提供可能な場合には，その回線を保留して，受信ユーザ端末を呼び出し，同時に発信ユーザ端末に対しては，呼出音（ringback tone）を送出する。受信ユーザ端末が応答すると回線設定され，その回線を用いて通信は開始される。受信ユーザ端末応答までのプロセスがコネクション設定である。

回線，あるいは受信ユーザ端末のいずれかが，他の通信によってすでに使用されているために，新たな通信要求を受け付けられない場合，話中音（busy tone）を発信ユーザ端末に送出する。

このように，ユーザ情報の転送開始，電話の場合には，通話に先立って，ネットワーク資源の予約手順（コネクション設定手順）を必要とするネットワークが，コネクション型ネットワークである。

コネクション設定フェーズ，通話フェーズとコネクション解放フェーズのプロトコルの働きを図 2.2 に示す。コネクション設定フェーズでは，端末の下位階層とネットワークの下位階層とが協調してネットワークコネクションを設定する。通話フェーズでは，端末のすべての階層が起動し，ネットワークは転送のみを行う。

回線交換における呼接続手順を図 2.3 に示す。

ネットワーク資源がすべて使用中のために，新たな通信要求を受け入れることができない場合（ネットワーク話中），あるいは，受信ユーザ端末が話中（ユーザ話中）の場合には，ネットワークは発信ユーザ端末に対して話中音を送出する。ネットワークによっては，これら 2 種類の話中を区別した 2 種類の話中音を送出するものと，区別しないで同じ話中音を送出するものがある。日本では，後者を採用している。

X.25 パケットネットワークは，パケットベースであるが，電話ネットワークと同様に通信品質を保証するために，通信開始に先立ってネットワーク資源の予約を行うコネクション型ネットワークに属する。パケットネットワークは

## 2.2 コネクション型ネットワークとコネクションレス型ネットワーク 23

（a） コネクション設定・解放フェーズ

（b） 通話・ユーザ情報転送フェーズ

図2.2 コネクション設定・解放フェーズと通話フェーズのプロトコルの働き

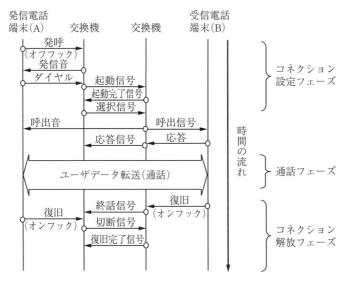

図2.3 回線交換における呼接続手順

呼ごとに占有回線を持たないので，パケット交換ノードのバッファメモリ帯域の予約を行うことにより，回線予約と同様の機能を実現している。この予約される帯域は仮想回線，仮想コネクション，あるいは論理チャネル（logical channel）と呼ばれる。

X.25 パケット交換呼接続手順を図 2.4 に示す[1]。

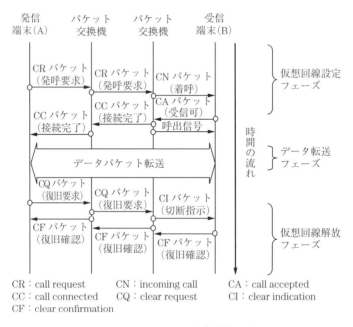

図 2.4　X.25 パケット交換呼接続手順

ATM ネットワークは，固定長の ATM セルによってデータ転送を行う[2]。回線モード転送とパケットモード転送の双方を単一の ATM セル転送によって実現するために，通信に先立って，仮想チャネル設定により回線設定を擬似的に行う。回線ネットワークと仮想的に回線設定を行うネットワークを総称してコネクション指向型ネットワーク（connection-oriented networks）とも呼ぶ。

〔2〕　コネクションレス型ネットワーク

インターネットはコネクションレス型ネットワークの代表的なものである。

## 2.2 コネクション型ネットワークとコネクションレス型ネットワーク

### ATMセル長

ATM-UNIセル構造を下図に示す。

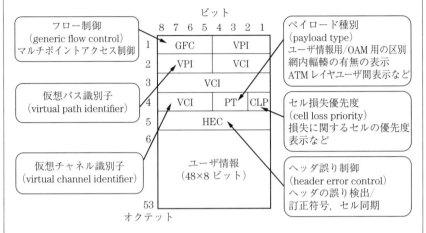

図 ATM-UNIセル構造

64 kbpsを基本とするISDNでは，サービス総合（integrated services）とはいいながら，回線モードサービスとパケットモードサービスが，それぞれ別個の回線モード専用の転送機能とパケットモード専用の転送機能によって提供されていた。ISDNのつぎの世代のB-ISDN/ATMネットワークでは，ラベル多重とセルフルーチングスイッチを採用した高速ATMセル転送によるこれら二つの転送機能統合が狙いであった。

高速化のためには，処理の容易な固定セル長が有利である。また，将来の拡張性などを考慮した機能をサポートするためには，余裕のあるヘッダ長が必要である。さらに，回線モードサービスの代表は電話サービスである。音声のセル組立て遅延の観点からは小さなセル長が望ましい。

ITU-TにおいてATMセル長の世界標準を決定する際に，日本，米国，欧州から提案がなされた。それぞれ，どの要求条件を重視するかによって提案が分かれた。

欧州は音声重視，米国はデータ通信効率重視，日本は機能重視の観点から提案した。欧州提案は，ペイロード長32オクテット，ヘッダは伝送効率を損なわない程度の長として4オクテット（伝送効率約88%）であった。米国提案は，当初案は50～120オクテットであったが，その後，音声に対する配慮も加えて72オクテット+6オクテット（同92.3%)，日本からは，66オクテット

26 　2．ネットワークの機能と形態

＋6オクテット（同 91.6％）が提案された。日本の提案は，欧州提案の 32 オクテットと日本提案の 66 オクテットとの間には音声品質の差はないことを実験によって明らかにし，音声の観点からは短セルにこだわる必要がないことを主張した。これらの ATM セル長候補の考え方を下表にまとめる。

表　ATM セル長候補の考え方

| | | 日本 | 米国 | ヨーロッパ |
|---|---|---|---|---|
| 提案の考え方 | | 機能サポートに十分なヘッダ長と音質の関係<br>↓<br>将来の機能拡張を考えたヘッダ長：6 オクテット<br>ペイロード長：60 オクテット以上<br>32 オクテットと 66 オクテットの音質の差は無視できることを実験で実証 | MAN との親和性を重視<br>↓<br>マルチポイント競合制御などの機能に必要な十分なオーバヘッド長：5 オクテット以上<br>ペイロード長：50 オクテット以上 | ヨーロッパ域内電話でエコーキャンセラーを使用したくない<br>↓<br>短セル長有利<br>音声パケット組立遅延：4 ms |
| | | オーバヘッド長はペイロード長の 10 ％程度 | | |
| ATMセル長 | ペイロードサイズ | 66 オクテット | 72 オクテット | 32 オクテット |
| | オーバヘッドサイズ | 6 オクテット | 6 オクテット | 4 オクテット |

　最終的には，ペイロード長は 48 オクテットすなわち $(32+72)\div 2$，ヘッダ長は 5 オクテットすなわち $(4+6)\div 2$ で決着した。ATM セル長 53 オクテット（＝48 オクテット＋5 オクテット）は素数であり，技術的には致命的ではないが，スマートな解に見えないのは以上の事情によるものである。

　結果的には，5 オクテットのヘッダ長は，さまざまなアプリケーションに汎用性を持たせるには不十分であり，ATM 情報フィールド内にヘッダ機能の一部がはみ出すこととなった。

　ちなみに，インターネットではパケット長（ATM セル長に相当）は最大 1 500 オクテット（イーサネットが一部に使用された場合）の可変長，ヘッダ長は最小 24 オクテットの可変長である。可変長パケットでありながら，動画などのブロードバンドストリーミングサービスがインターネット上でサポート可能となったのにはムーアの法則に従った CPU の高速化が寄与している。

　インターネットプロトコルバージョン 4（IPv4）では，ヘッダ長もパケット長も可変である。可変長は固定長に比べて処理が重くなるため，つぎのバージョンの IPv6 では，ヘッダのみは固定長としている。

## 2.2 コネクション型ネットワークとコネクションレス型ネットワーク　　**27**

例えば，Web アクセスの場合，まずパソコン上で Web ブラウザを立ち上げる
と，あらかじめブラウザに設定してあるデフォルト Web サーバへのアクセス
が，同時に起動される。ネットワークと Web サーバの混雑状態とは無関係
に，Web ブラウザを起動すれば，アクセスのためのパケットが Web サーバに
転送される。

Web サーバとネットワークが輻輳<sup>ふくそう</sup>していなければ，ただちに Web サーバか
らの応答があり，Web サーバあるいはネットワークのいずれかが輻輳してい
れば，待ちの状態に入り，Web サーバからの応答まで待たされることになる。
一定時間以上待たされると，タイムアウトし，エラーメッセージが表示され
る。このように，通信要求と情報転送が同時に行われ，通信に先立つコネクシ
ョン設定手順を持たないプロトコルを採用しているネットワークが，コネクシ
ョンレス型ネットワークである。

イーサネットは，コネクションレス型ネットワークに属する。LAN，広域
LAN，MAN，WAN などの多くはコネクションレス型ネットワークである。

コネクション型ネットワークと，コネクションレス型ネットワークの特徴を
表2.2にまとめる。

表2.2　コネクション型ネットワークとコネクションレス型ネットワークの特徴

| 交換モード | 回線交換 | 蓄積交換 | |
|---|---|---|---|
| | | セル交換 | パケット交換 |
| 回線保留単位 | 呼 | セル | X.25 パケット | データグラム |
| 即時/待時 | 即時 | 待時 | 待時 | 待時 |
| 転送遅延 | 最小 | 小 | 大 | 小 |
| 回線使用効率 | 小 | 大 | 大 | 大 |
| データ形式 | NA | 要 | 要 | 要 |
| 誤り制御 | なし | なし | あり | あり |
| データ長 | NA | 固定長 | 可変長 | 可変長 |
| 回線/チャネル | 回線 | 仮想チャネル | 仮想回線 | なし |
| コネクション型/コネクションレス型 | コネクション型 | | | コネクションレス型 |

〔注〕　NA : not applicable

*28*　　2.　ネットワークの機能と形態

〔3〕　QoS 保証と呼受付制御

コネクション型ネットワークにおいては，個々の通信はそれぞれにコネクション設定によって割り当てられたネットワーク資源（コネクション）を占有するため，QoS（quality of service，サービス品質）保証が可能である。それに対して，コネクションレス型ネットワークにおいてはネットワーク資源が複数の通信によって共有されるため，個々の通信の QoS 保証は困難である。

コネクションレス型ネットワークにおけるリアルタイム通信では，ユーザからのパケット送信をネットワーク側から制御する手段が存在しない。そのため，ユーザからの送信パケット量が，ネットワークで処理可能なトラヒック量を超えることが抑制できないため，ネットワークの輻輳を回避できない。

QoS 保証のためには，QoS の観点から新たに発生するユーザからの通信要求を受け付けるか否かを判断する必要がある。すなわち，新たな通信を受け付けた場合に新たな通信の QoS を保証できるか，新たな通信を受け付けることにより既存の通信中の呼の QoS を定められたレベル以下に低下させないかを判断し，これらの条件を満足する場合にのみ，新しい通信要求を受け付ける。これを呼受付制御（CAC：call admission control）と呼ぶ。

〔4〕　コネクション設定

コネクション型ネットワークの通信プロトコルは，コネクション設定フェーズとユーザ間の情報転送フェーズ，コネクション解放フェーズの三つのフェーズからなる。

コネクション設定フェーズでは，宛先までのネットワーク資源（回線あるいは接続）が確保できるかどうかチェックし，確保できる場合に受信端末に呼出しをかけ，受信端末が応答すると接続を設定保持する。コネクション設定フェーズとコネクション解放フェーズでは，物理層からネットワーク層までの下位層のみが機能する。

ユーザ間情報転送フェーズにおいては，ユーザノードとネットワークのサービスノードの間は物理層からネットワーク層の下位層が，ユーザノードどうしではトランスポート層からアプリケーション層までの上位層が同層間で通信

（ピアプロトコルによるピアツーピア通信）を行う。

コネクションレス型ネットワークにおいてはデータグラム（datagram）通信により情報転送を行う。すなわち，ユーザ間情報転送フェーズのみである。データグラムとは，データとテレグラムから合成された造語である。宛先に転送できるかどうか確認できなくても，データを転送するベストエフォート（最善努力）方式を意味する。IP データグラムが代表的なものである。

データグラム形式と仮想回線形式による転送原理を図 2.5 に示す。ベストエフォート方式とは，可能であれば実行し，可能でなければ実行しない方式を意味する。結果が最善であることを必ずしも意味しない。

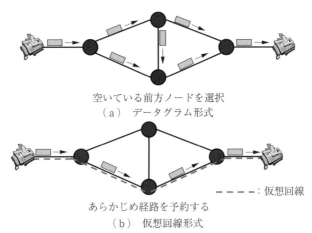

図 2.5　データグラム形式と仮想回線形式による転送原理

データグラム形式によると，通信経路がパケットごとに異なることがあり，パケット順序は保存されない。そのため，複数のデータグラムでひとまとまりの通信などのように順序保存が必要な場合には，工夫が必要である

## 2.3　トランスポート層におけるコネクション

〔1〕　コネクションと TCP

コネクションは，OSI の 7 階層モデルの各層のピア間で定義される物理的あ

**30**　　2.　ネットワークの機能と形態

るいは論理的ピア間通信パスである。

　上に述べたコネクション型ネットワークやコネクションレス型ネットワークの「コネクション」とは，ネットワーク層（第3層）コネクションに着目した概念である。

　IP ネットワークはコネクションレス型ネットワークであるため，ネットワーク層（IP）以下の伝達機能は目的の端末までパケットが正確に到達したかどうかを確認する手段を持たない。いわば，送りっぱなしであるため第3層以下の接続性の確認，すなわちパケット到達成否の確認はできない。

　そのため，第3層以下が正常に機能しているかどうかを確認することが必要な場合には，第4層の TCP（transmission control protocol）がエンド-エンド間の情報転送の確認（TCP コネクションという）を行い，第3層以下の機能の正常性を間接的に確認することにより，接続性を間接的に保証している。もう少し詳しくいうと，TCP では，パケットにシーケンシャル番号を付けて，受信側には「#4 番目を受け取った」と送達確認（ACK 信号：acknowledgement）がある。これにより，送信側と受信側が，正常にコネクションを持っていると判断している。すなわち，信頼度の低い IP による転送の信頼度（ネットワークの信頼度）を IP の上位層の端末の TCP（トランスポート層）が補完する役割を果たしている。

　これは，例えれば，葉書が無事に宛先に届く限りにおいて，通信者にとって，途中の郵便局や郵便物配送トラックが正常に稼動しているとみなしていいことと等価である。

　トランスポート層の TCP によって接続確認を行っているため，パケットが到達しない場合には，ネットワーク層以下の接続性に問題があるのか，トランスポート層そのものの接続性に問題があるのか，の切り分けはできない。

　先ほどの郵便に例えていえば，葉書が無事に届かなかった場合には，輸送に問題があるのか，郵便局の仕分けに問題があるのか，通信者にはわからないことに相当する。

　TCP によるパケット受領確認手順によって，接続性を間接的にではあるが

確認することにより，無確認手順よりは高い信頼度を持つ情報転送をコネクション型通信と呼んでいる。すなわち，インターネットというコネクションレス型ネットワーク上の TCP によるコネクション型通信である。

〔2〕 スチューピッドネットワーク

TCP コネクションによるネットワークコネクション正常性の間接的な確認は，ネットワークの機能に依存しないため，ネットワークは「スチューピッドネットワーク（おろかなネットワーク）」とみなされる。これは，インターネットの基本理念の一つである。

IP（第3層）は，さまざまな種類の第2層以下のプロトコル上で機能することを狙ったものである。IP は，あらゆる伝送リンクの利用を意図しているため，第3層でフロー制御などの高度な機能を実現しようとすると，第2層以下に制約が発生する可能性がある。その制約を最大限排除するため，第3層以下は宛先と情報の単純な転送のみを行う。しかし，光ファイバ，同軸ケーブル，LAN ケーブル，無線 LAN，通信衛星などは，伝播遅延時間が異なり，伝送誤りの発生パターンなども異なる。このようなさまざまな伝送特性を持つものとの組合せによっては，均一の性能を発揮できない場合がある。

〔3〕 コネクションレス型通信

TCP コネクションによる通信形態をコネクション型通信と呼ぶのに対して，UDP（user data protocol）によりパケットの到達確認をしないで，発信側からの情報発生に応じたパケット転送を行う通信を，コネクションレス型通信という。

TCP による通信は，パケット転送に失敗した場合にはパケット再送を行う。それに対して UDP は，情報の発生に応じてパケットを送出する，すなわち，送信情報の都合を優先して転送を行う。TCP は，待ち時間が大きくなってもより信頼性の高い情報転送に適している。UDP は情報が途中で一部失われても転送を継続することが必要な音声通信や動画像通信に適している。特に，映像配信等の複数のユーザに対して送付した場合，再送がやりにくいため UDP を使用する。

32    2. ネットワークの機能と形態

コネクション型ネットワークでは，物理的あるいは論理的に接続が設定されているため，ネットワーク層からトランスポート層に提供される情報の正常性は，ネットワーク層以下で保証されている。したがって，ネットワーク層以下の機能正常性のトランスポート層による確認は必要ない。

〔4〕 ネットワーク層コネクションとトランスポート層コネクション

各階層のピア間でコネクションが張られ，ピア間通信を行う。コネクション型ネットワークの「コネクション」は，正確にはネットワーク層（第3層）コネクションである。

コネクションレス型ネットワークであるインターネット上で，コネクション型通信とコネクションレス型通信が提供される。このコネクション型通信の「コネクション」とは，トランスポート層（第4層）コネクションをさす。

コネクション型通信をサポートする第4層は TCP，コネクションレス型通信をサポートする第4層は UDP である。すなわち，第3層以下のコネクション（ネットワークコネクション）を持たないインターネットにおいては，第3層以下で相手端末まで情報が到達したかどうか確認する手段が存在しない。信頼できる通信を確保するために，第4層コネクションが情報送達確認を行い，この送達確認を持ってコネクションと同等の機能を実現している。

IP を使用するネットワークを TCP/IP ネットワークと呼ぶ。TCP/IP ネットワークにおいては，TCP によるパケット送達確認とパケット送達が成功しなかった場合のパケット再送が定義されている。パケット再送は遅れ時間が大きいため，リアルタイム通信には適していない。情報転送の実時間性が必要なリアルタイム通信においては UDP を使用する。UDP は，パケット送達が成功するしないにかかわらず，情報源からのパケット送出を行う。

したがって，UDP パケットと TCP パケットが混在すると，UDP パケットは TCP パケットに対して優先的に転送される。インターネットはネットワーク自体がフロー制御機能を持たないため，トラヒック制御は TCP の送出パケット数（ウィンドウサイズ）を各端末において分散自立的に行うことによって，制御されるためである。

〔5〕 再送制御とウィンドウ制御

　TCPによるコネクション型通信では，受信ユーザ端末がパケットを正常に受信した場合に，受信ユーザ端末は送達確認（ACK）パケットを発信ユーザ端末に返送する。符号誤り特性は高い品質を有している。このような場合には，ネットワークのTCPにはいくつかのバージョンが開発されている。通常，使用されているTCPではACKのみを返す。TCPのバージョンによっては，ネットワーク内でビット誤りが発生して，パケットが正しい受信ユーザ端末に届かなかった場合，あるいは，ネットワークの輻輳によってパケットがネットワーク内で棄却された場合には，受信ユーザ端末は一定時間待った後に，受領非確認（NAK：negative acknowledgement，非確認信号）パケットを発信端末に返すものもある。

　TCPの確認型転送による信頼性のある通信を図2.6に示す。

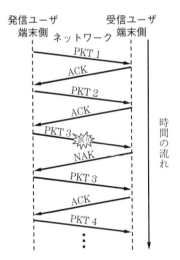

PKT：パケット

図2.6　TCPの確認型転送による信頼性のある通信

　発信ユーザ端末は，ACKが一定時間内に返信されてこなかった場合にもパケット転送に失敗したとみなす。このように，定められた時間内に期待するイベントが発生しない状態をタイムアウト（time out）という。この基本的な方法では，一つ目のパケットを送った後，そのACK信号が返ってくるまで，二

つ目のパケットが送れない。特に，長距離通信では問題である。さらに，毎回 ACK を送るため，多量の ACK パケットがネットワークを流れる点が問題である。

伝送路の符号誤り率などの伝送品質が良好な場合には，ネットワークの品質が原因で受信ユーザ端末へのパケット転送に失敗する確率は低い。現在のネットワークは，光ファイバ伝送路を主体に構築されているため，同軸ケーブルなどの金属伝送媒体の伝送路に比較して，外来雑音などの影響を受けにくく伝送符号誤り特性は高い品質を有している。このような場合には，ネットワークの輻輳によるパケット損失がネットワークの転送性能の支配的要因である。

TCP は，パケットが受信ユーザ端末に正常に到達しない場合には，ネットワークの輻輳が原因であるとみなしている。

伝送品質が高い場合には，ネットワークの伝送品質が原因でパケットが不達になる場合はまれである。そのような高性能なネットワークでは，一つのパケットが転送されるたびに受領確認（ACK）を行うと伝送効率が悪い。

複数の連続するパケットをまとめて送出し，この複数のパケットに対してまとめて受領確認を行えば，一つずつ受領確認を行うよりも伝送効率は高くなる。すなわち，伝送品質がよければ一度に転送するパケット数を多くすればす

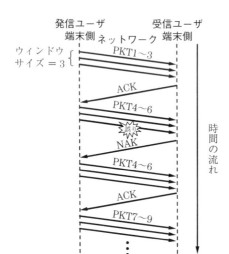

図 2.7　ウィンドウ制御の原理

るほど転送効率は向上する。しかし，ネットワークの伝送品質が一時的にせよ
劣化した場合には，まとめて送った複数のパケットのうちの一つのパケットが
無事に受信されなかった場合でも，その組のすべてのパケットを再送する必要
があるため，伝送効率は一つずつ受領確認を行う場合よりも低下する。

　一度に送出するパケット数をウィンドウサイズといい，このサイズをネット
ワークの輻輳状態に応じて制御する伝送制御をウィンドウ制御という。ウィン
ドウ制御の原理を図2.7に示す。

## 2.4　ネットワークの構造と形態

　インターネットプロトコルのスタックのネットワークインタフェース層（第
1層）には規定がないので，OSIの7階層モデルの下層の第1の物理層を中心
に第2層について述べる。物理層は，電気的インタフェース（電気信号の振幅
波形など），機械的インタフェース（コネクタなど），時間的インタフェース
（波形の時間揺らぎ，すなわちジッタなど）の電気物理的な仕様が規定されて
いる。これらの特性は，光ファイバケーブル，メタリックケーブル，あるいは
無線など使用する伝送媒体に依存するので，伝送媒体ごとに物理層の規定がな
される。物理ネットワークとは物理層が構成するリアルなネットワークであ
る。

　ネットワークトポロジーとはノードとリンクとの幾何学的な接続形態をい
う。各通信端末や通信ノードを個別に配線する個別配線型トポロジーと，複数
端末に共通のケーブルにタッピングなどをしてケーブルを共有する，共有メデ
ィア型トポロジーがある。

　個別配線型には，スター型，メッシュ型，ダブルスター型などがあり，メデ
ィア共有型には，バス型，リング型，ツリー型，パッシブスター型，パッシブダ
ブルスター型などがある。これらのネットワークトポロジーを図2.8に示す。

　スター型，ダブルスター型などは，従来型の電話ネットワークの加入者線の
配線に用いられている。個別配線型は，メディアを占有使用する単純なポイン

36　2. ネットワークの機能と形態

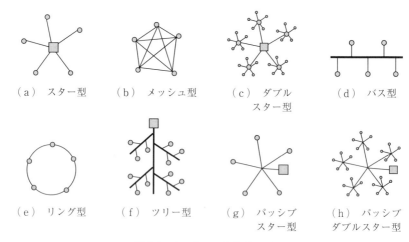

図 2.8　ネットワークトポロジー

トツーポイント形態である。

　リング型，スター型，ツリー型などの名称は，その配線形状に由来し，バス型は大勢で共同乗用するバス（バスの語源はすべての人のため）と同じ機能を提供することから名付けられた。

　個別配線型は，伝送メディアの最大利用可能帯域をノード間の伝送帯域に割り当てることが可能である。

　それに対して，メディア共有型は，複数のノードあるいは複数のユーザで伝送メディアを共同利用するため，伝送メディア利用可能帯域をノード数で割ったものがノード当りの最大帯域である。しかし，ノードが共同で利用するための制御が必要であり，この制御のためのオーバヘッドなどにより，帯域の利用効率は 100% を下回る。例えば，ランダムにアクセスする複数ノードが利用する ALOHA 方式では，最大帯域の 18.4% を利用できることが知られている（6.3 節 ALOHA 方式）。

## 2.5　メディア共有型トポロジー

　リング型，バス型はイーサネットなどの LAN に広く用いられている。端末

数の多少にかかわらず伝送メディアを共有するため，配線に手を加えることなく端末の増設が可能であり，必要なケーブル量が個別配線型に比べて少なくてすむ。しかし，リング型，バス型はメディア共有型であるため，同一の伝送メディアを複数のノードで共通に使用するために，衝突を抑制したり回避したりする競合制御が必須である。

パッシブスター型は，光パッシブアクセスを用いる FTTH が代表的なものである。光パッシブスターネットワークは PON（passive optical network）とも呼ばれる。光スプリッタで局側の 1 本のケーブルの光信号を，例えば，最大 32 のユーザ端末に個別配線するために最大 32 本の配線ケーブルに分割する。当然のことながら，競合制御が必要である。

ツリー型はメディア共有型であり，ケーブルテレビネットワークで広く用いられている。ツリー型は下り片方向同報型の通信に適している。ケーブルテレビによるインターネットアクセスやケーブル IP 電話などのように上り方向の伝送が必要な場合には，中間中継増幅器としては双方向型増幅器が必要である。上り方向の伝送帯域を設け，ユーザ端末ごとに使用される個別の上りチャネル設定識別手順と帯域制御手順が必要である。

パッシブスター型，ツリー型ともに上り，下り方向とも伝達媒体が複数ユーザ端末によって共有されるため，帯域制御が必要になる。また，共有するユーザ端末数が多くなるとユーザ端末当りの使用可能な帯域は小さくなる。

## 2.6 物理リンクと論理リンク

図 1.6 に示したように，ノード（例えばルータ）とノードの間を結ぶのをリンクという。個別線型では，リンクと伝送メディアが 1 対 1 に対応しているのに対して，メディア共有型はリンクと伝送メディアが 1 対 1 に対応していない。すなわち，同一の伝送メディア上に，通信ノードが相異なる複数の伝送リンク（第 2 層）が共存している。したがって，各通信ノードはそれぞれ異なる相手ノードとの通信に用いている伝送リンクを識別する必要がある。すなわ

ち，同一の伝送メディア上で複数の通信ができるチャネルを特定の通信ノード間に張る必要がある。これを仮想リンクという。

このように，メディア共有型では物理的トポロジーと通信に実際に使用されている伝送リンク上の情報の流れる経路トポロジーが一致していない。

通信に使用されている情報経路を「論理リンク（仮想リンク）」という。これに対比して実際の伝送リンクを特に区別する必要がある場合には，実際の伝送リンクを「物理リンク」という。

トポロジーに関しても，実際のケーブルの配線形態をさす物理トポロジーと，通信のための伝送リンクの形態に着目した論理トポロジーとを区別する。

例として，リング型物理トポロジーのネットワーク上のスター型論理トポロジーの実現形態を図2.9に示す。

（a）物理ネットワークのトポロジー　　（b）伝送リンクの使用パス　　（c）論理パスに着目したトポロジー

図2.9　リング型物理トポロジーのネットワーク上のスター型論理トポロジーの実現形態

## 2.7 伝送媒体ネットワーク，パスネットワーク，回線ネットワーク

伝送路の敷設は，道路，山，川などの地理的な条件によって制約を受け，自由には敷設できない。一方，東名・名神高速道路と同様に，例えば，東京と大阪間の伝送路は，東京と名古屋間，名古屋と大阪間の伝送路と共通に敷設することは経済的でもある。この場合には，物理的には一つの伝送路を，行き先ご

## 2.7 伝送媒体ネットワーク，パスネットワーク，回線ネットワーク　　*39*

との回線群によって共通使用することが必要である。この回線群を伝送パスという。伝送パスは伝送ネットワーク設計の単位であり，必要な回線容量と必要な伝送路を媒介する。

伝送パスは，半固定的（semi-parmanent）に設定される。このパス設定機能はクロスコネクトと呼ばれる。高速道路のインターチェンジ機能に相当する。これに対して，伝送媒体の新設や変更には，工事を伴うためそのシステムが工事によって撤去あるいは更改されるまで固定的（parmanent）に設定される。回線は，個々の通信要求に対して提供されるため，呼ごと（call by call）に設定される。

伝送ケーブルやノード装置の敷設が可能かどうかは，山や川，道路状況，建物などの地理的・物理的条件に左右され，物理ネットワークの設計は制約を受ける。地理的・物理的制約条件が要求条件に合致していない場合には，論理ネットワークによって要求条件に適した使用形態を可能とする場合もある。これは多重伝送技術により同一伝送リンク（物理リンク）に複数の回線（論理リンク）を収容することが可能であるためである。

伝送路は，ディジタルハイアラーキ（digital hierarchy）によって定められた伝送速度系列を持つ伝送システムによって構成される（5.9節 伝送ハイアラーキ参照）。

速度系列は，種類が多いほど細かく速度設定が可能である。しかし，速度の種類を多くすると，異速度の伝送システムを接続するための多重化システムの種類が多くなる。ネットワーク設計の自由度が大きくなるとともに，ネットワークの構成要素の種類が多くなる。装置の種類は少ないほど装置コストは低く，かつ，ネットワーク設計，ネットワーク敷設，ネットワーク運用が容易である。したがって，速度系列は要求される条件を満足しつつ，いかに種類を少なくするかという観点から決定される。

通貨の系列の考え方と同様である。通貨は，1円，5円，10円，50円，100円，500円…という系列を用意してある。1円，2円，4円，8円などの2のべき乗系列も考えられなくはないが，現在の系列は，10を基底とする日常感覚

**40    2. ネットワークの機能と形態**

をベースとし，実際の価格への対応と多種類の通貨を準備することのコストアップのバランスがよく考えられた系列である。20円，200円を追加すべきであるという議論も存在するが，現在の系列を前提に通貨選別を行うなどのさまざまなシステムが普及しており，新規追加は容易でない。通信においても，系列をいったん決定するとその系列を前提にして，端末をはじめとする全体のシステムが設計されるため，変更追加は容易ではない。

同期ディジタルハイアラーキ（SDH：synchronous digital hierarchy）では，基本速度 STM-1 とその直上の階梯 STM-2 の速度がそれぞれ 155 Mbps，622 Mbps であり，ペイロード速度差がおよそ 400 Mbps ある。この速度差をトラヒックに応じて効率よく使用するのは容易でない。

伝送パスは，伝送システムの帯域を丸ごと使用しないで，より小さな帯域（パス）で細切れな使用を可能にすることにより，物理ネットワークは単純な速度系列で敷設し，その小さな帯域（パス）をトラヒックに応じて割り当て，使用するためのものである。

電話ネットワークでは，パスの設定容量は6回線（384 kbps），あるいは，24回線（1 536 kbps）単位で設計する。このパスが構成するネットワークはパスネットワークと呼ばれる。すなわち，パスとは設計単位である回線束を意味する。

伝送媒体ネットワーク（物理ネットワーク），パスネットワーク，回線ネットワーク（論理ネットワーク）の関係を**図 2.10** に示す。伝送媒体ネットワークは，図では2種の伝送システムによって構成される。交換機間は，トラヒック需要が大小さまざまであるが，回線ネットワークは，この多種類の回線需要をパス数によって量子化し，パスを伝送システムの容量を超えない範囲で伝送システムに割り付ける[3]。

さらに，同一対地に対してパスを分散接続し，より高い信頼性を持たせることも可能になる。

## 2.7 伝送媒体ネットワーク，パスネットワーク，回線ネットワーク

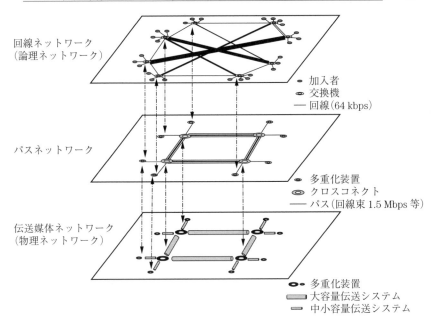

図 2.10　物理ネットワークと論理ネットワークの関係

---

**ネットワーク透過性（その1）**

ネットワーク透過性（transparency）とは，発信端末からネットワークに入力されたデータ情報の一部あるいは全部を，ネットワーク内で改変あるいは損失することなく着信端末までそのまま伝達されることをいう。

郵便物や宅配便では透過性は当然のことであるが，情報通信ネットワークでは必ずしも当然ではない。情報通信ネットワークは，情報メディアの特性をうまく利用してユーザが気付かない範囲で情報を圧縮することがある。

例えば，電話音声通信では，片方の話者が話しているときにはもう一方の話者は聞いている。両方の話者が同時に話す（ダブルトーク）と，たがいに聞き取ることが困難なためである。したがって，ネットワークの回線は，全二重通信で動作するが，実際には，ある時点で見ると片方向回線にのみ音声情報が流れている。また，相手が話し終わった直後もある間合いをおいて応答する。あるいは，一方的に片方の話者が話し続けたとしても，息継ぎや，文章やフレーズの切れ目などでは無音である。このように，回線上の音声信号には無音区間が少なからずあるため，この無音区間に，別の通話信号の有音区間を多重化し

**42**　　2.　ネットワークの機能と形態

て回線を複数の通話で共用することにより回線の利用効率を高めることが可能である。回線資源が貴重で高価な国際回線や長距離回線では，このような多重化伝送が行われる。このための音声回線専用の多重化装置は CME（circuit multiplication equipment）と呼ばれる。

　あるいは，音声信号の相関性を利用して帯域圧縮したり，視覚特性を利用して画像信号を圧縮するなどの高能率符号化をネットワーク内で行うことにより，ネットワーク資源の利用効率を向上することなども行われる。

　数値データ情報のやり取りにおいては，すべてのビット情報が同じ重みを持つため，ネットワークの都合によって情報が変形されては通信の目的は達成できない。このような場合には，ネットワークの透過性が必須となる。

　CME や音声符号化方式相互変換（トランスコーダー）が設置されている回線では，数値データやファクシミリ信号などは伝送できない。特に，ファクシミリ信号は音声回線の使用を前提としているため問題は深刻である。そのため，ファクシミリ信号を伝送する場合には，これらが設置されていない回線を選択使用するか，これらの機能を動作させないことが必要である。この制御のために「disable」信号が規定されている。

　ネットワークの基本機能は伝達する情報メディア種別を意識することなく伝送することもあるが，このように，実際の広域ネットワークにおいては，より効率的な構築と運用のために，ユーザ情報メディア種別を識別することも必要である。

　本来のインターネットの原則はエンドツーエンド原則であり，ネットワークの透過性が大前提であった。しかし，インターネットアプリケーションが多様になり，セキュリティや QoS の保証などの要求条件も多様化したことにより，ルータが透過的転送機能以外の機能を持ち，また，NAT†（network address translation）やプロキシサーバなどが導入され，透過性は失われている。

---

†　一つの IP グローバルアドレスを複数のコンピュータで共有するため，複数のコンピュータのローカル IP アドレスとグローバル IP アドレスを変換する機能。

# 情報メディアの
# ディジタル符号化

## 3.1 情報源の符号化

　音声信号や画像信号はアナログ信号である。アナログ信号は連続量であり，それに対して数字・文字情報などの数値で表現できる情報は離散値をとるディジタル信号である。

　数字・文字情報などからなるディジタルデータを，アナログネットワークによって転送するためには，アナログネットワークの伝送帯域に適合するようフォーマットを変換し，受信側では元のディジタルデータに再変換する必要がある。前者を変調，後者は復調と呼ぶ。この変復調デバイスをモデム（modem, modulator/demodulator からの造語）という。モデムは，ディジタル信号をアナログ信号に見せかけるための機能を持つデバイスである。

　アナログネットワークからディジタルネットワークへ移行すると，これとは逆に，音声信号や画像情報などのアナログ信号を，ディジタルネットワークに適合したディジタル信号に変換する必要がある。この機能をディジタル符号化といい，アナログ信号に再変換する機能を復号化という。符号化・復号化機能を持つデバイスを符号器（coder），復号器（decoder）という。両方の機能を持つデバイスを総称してコーデック（codec, coder/decoder からの造語）という。

　アナログネットワークへのディジタル端末収容とディジタルネットワークへのアナログ端末収容の接続構成を図 3.1 に示す。

　音声信号や画像信号などのアナログ信号をディジタル化するために，アナロ

*44    3. 情報メディアのディジタル符号化*

図 3.1　アナログネットワークへのディジタル端末収容と
ディジタルネットワークへのアナログ端末収容の接続構成

グ信号の最大周波数の 2 倍以上の周波数で標本化（sampling）を行う。

　標本化とは連続量であるアナログ信号の一定時間間隔の振幅値（標本）を取り出す操作をいう。標本を数値化することを量子化（quantization）という。符号化（encoding/coding）は，量子化された数値を 2 値表現によるディジタル信号列に変換することである。標本化，量子化，符号化を図 3.2 に示す。

　8 ビットを 1 標本の振幅の表現に割り当てると $2^8 = 256$ の階調（ダイナミックレンジ）を，16 ビット表現の場合には 65 536 階調を表現できる。

　ディジタル符号化とは，時間軸と振幅情報が連続量であるアナログ信号を，時間軸でまず離散的な時間軸上の振幅情報を抽出し（標本化），抽出した振幅情報量を離散数値により近似する（量子化）手法である。

　ナイキストの定理により，元のアナログ信号の最大周波数の 2 倍以上の周波数で標本化すると，原情報は復元可能であるが，量子化には誤差が発生するため，符号化された情報には量子化誤差（quantization error）が含まれるため，復号化信号は量子化誤差によるひずみを伴う。これを量子化ひずみ（quantization distortion）という。

　音声信号や画像信号などのアナログ信号をディジタル通信系で転送可能なように，ディジタル符号列に変換することをディジタル符号化，あるいは，単に符号化という。符号化には原信号を標本化して量子化のみを行う PCM（pulse

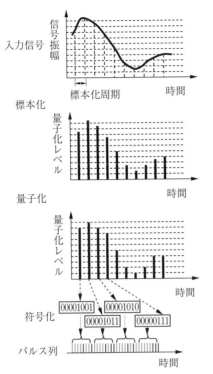

図 3.2 標本化，量子化，符号化

code modulation，パルス符号変調）符号化と，信号の相関性などを利用して帯域圧縮を行う，より伝送効率のよい予測符号化，変換符号化などの高能率符号化がある．

高能率符号化では，音声信号や画像信号の特徴的な信号特性（時間相関性，空間相関性）と，人間の検知特性を利用する．帯域圧縮することによる原信号からの劣化（差分）を人間の検知特性が許容するレベル以下に保ちながら符号量を低減する．

## 3.2 ナイキストの定理

「最大周波数を $f_{MAX}$ とする原信号を，標本化したのち原信号を忠実に再生するためには，最大周波数 $f_{MAX}$ の2倍以上の周波数で標本化する必要がある．」

**46**　　3.　情報メディアのディジタル符号化

これをナイキストの定理という。標本化周波数の 1/2 の周波数をナイキスト周波数と呼ぶ。

　この定理によれば，例えば，基底帯域幅が 300 Hz～3.4 kHz である電話音声信号の場合，原理的には 6.8 kHz の標本化周波数であれば原信号を標本化することができる。実際には，ナイキスト周波数よりも高い周波数成分が原信号に含まれると，折返し雑音が発生し，標本化された信号に雑音成分が混入する。

　折返し雑音を避けるために，標本化の前段に低域通過フィルタを設けてナイキスト周波数以上の周波数成分を除去する必要がある。フィルタのカットオフ周波数を 6.8 kHz に設定すると，実際のフィルタ通過特性は，6.8 kHz では振幅が帯域内の平均レベルの 1/2 であり，かつ，位相が遅れる。さらに，帯域外でも信号成分が残るため，帯域内にひずみ雑音を発生する。このため，ガードバンド（6.8～8 kHz）を設けて標本化周波数を 8 kHz としている。したがって，8 ビットで PCM 符号化された電話音声信号のビットレートは

$$8 ビット \times 8 \, kHz = 64 \, kbps$$

である。この 64 kbps がディジタル電話ネットワーク，ISDN などのディジタルネットワークの基本ビットレートである。

## 3.3　音 声 符 号 化

〔1〕　PCM 符号化

　電気通信ネットワークには，符号（コード）伝送を行う電信ネットワークと音声通話を提供する電話ネットワークの二つの流れがあった。電信ネットワークは歴史が最も古い。電信ネットワークで使用された符号の一つであるモールス符号は，4 種のコード（短点，長点，短スペース，長スペース）を組み合わせて文字伝送を行う，4 値のディジタル信号を扱う。モールス符号（英文）を表 3.1 に示す。

　電話ネットワークは，音声をそのままアナログ電気信号に変換し，伝達する

### 3.3 音 声 符 号 化　　47

表3.1　モールス符号（英文）

| 1. 文　字 | | 2. 数　字 | |
|---|---|---|---|
| ·− | A | ·−−−− | 1 |
| −··· | B | ··−−− | 2 |
| −·−· | C | ···−− | 3 |
| −·· | D | ····− | 4 |
| · | E | ····· | 5 |
| ··−· | F | −···· | 6 |
| −−· | G | −−··· | 7 |
| ···· | H | −−−·· | 8 |
| ·· | I | −−−−· | 9 |
| ·−−− | J | −−−−− | 0 |
| −·− | K | **3. 記　号** | |
| ·−·· | L | | |
| −− | M | ·−·−·− | ．終　点 |
| −· | N | −−··−− | ，小読点 |
| −−− | O | −−−··· | ：重点または除去の記号 |
| ·−−· | P | ··−−·· | ？問　符 |
| −−·− | Q | ·−−−−· | ' 略　符 |
| ·−· | R | −····− | ― 連続線，横線，または減算の記号 |
| ··· | S | −·−−· | （ 左括弧 |
| − | T | −·−−·− | ） 右括弧 |
| ··− | U | −···− | ＝ 二重線 |
| ···− | V | −··−· | ／ 斜線または除算の記号 |
| ·−− | W | ·−·−· | ＋ 十字符または加算の記号 |
| −··− | X | ·−··−· | " " 引用符 |
| −·−− | Y | −··− | × 乗算の記号 |
| −−·· | Z | | |

アナログネットワークとして発展してきた。その後，アナログ音声信号をディジタル信号に変換する PCM 符号化方式が開発され，電話ネットワークのディジタル化が進められた。

電話音声信号の帯域幅は 300 Hz〜3.4 kHz であり，8 kHz の標本化周波数で8ビットコードを採用している。したがって，ディジタル化された電話音声信号は 8 bit×8 kHz＝64 kbps のディジタル信号であることは前節で説明した。

平均電力はピーク電力よりも低く，この電力差をピークファクタという。音声信号のピークファクタは 18.6 dB である。8 ビット線形符号化（$2^8$＝256，ダイナミックレンジ約 48 dB）では，このピークファクタを考慮すると実質的には 29.4 dB のダイナミックレンジとなる。電話音声に必要なダイナミックレ

ンジは 40 dB とされているのに対して不十分である[1]。

PCM 音声符号化方式では，8 ビット非線形符号化（圧縮伸長）を用いて実効的に 13 ビット相当（ダイナミックレンジ約 78 dB）の符号化を行う[2]。

非直線符号化則は $\mu$ 則（$\mu$-law）と呼ばれている。これらは瞬時圧伸とも呼ばれる非線形符号化方式である。PCM 符号化の際に圧縮（compress）し，復号化の際に伸張（expand）する。

$\mu$ 則圧縮の入力信号対出力信号を図 3.3 に示す。復号する場合には図 3.3 の入力と出力を入れ替えた逆特性の伸張を行うことにより，原信号を復元する。

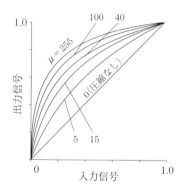

図 3.3 $\mu$ 則圧縮の入力信号対出力信号

通常，音声は大振幅より小振幅の出現頻度が高い。出現頻度の高い信号に対しての誤りを少なくすると，出現頻度の低い信号に対する誤りを少なくするよりも，信号対ひずみ雑音比（SD 比，S/D，SDR）の改善効果は高い。また，音声はダイナミックレンジが 40 dB あり，量子化レベルが一様な符号化則では小信号の SD 比が大信号の SD 比に比較して 40 dB 劣化する。瞬時圧伸では，大振幅に対しては量子化ひずみを大きく，小振幅信号に対しては量子化ひずみを小さくする圧伸特性を採用している。

$\mu$ 則の入出力特性は次式で与えられる（$\mu = 255$，15 折線近似）。40 dB のダイナミックレンジにわたって平坦な SD 比を実現している。

$$y = \mathrm{sgn}(x) \frac{\ln(1+\mu|x|)}{(1+\mu|x|)}$$

これらの入力信号振幅に対する SD 比を図 3.4 に示す[1]。圧伸による小信号の SD 比改善率は SD 比 = 26 dB において $\mu$ 則（$\mu$ = 255）で 30 dB である。

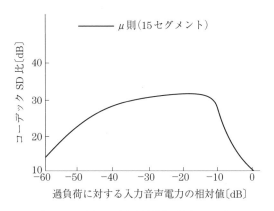

図 3.4　$\mu$ 則の入力信号振幅に対する SD 比

〔2〕　高能率符号化

携帯電話に割り当てられている無線帯域資源は限られているため，より低ビットレートで音声を符号化することにより，無線帯域をより有効利用する。このような符号化方式は高能率符号化方式と呼ばれる。高能率符号化方式では，64 kbps PCM 音声信号を音声信号の相関性を利用して冗長度を削減することにより帯域圧縮する。高能率符号化方式では，ビットレートを低減するための帯域圧縮処理する単位である標本ブロックサイズが大きくなり，そのため，遅延が大きくなる。音声品質と遅延とは相反する条件である。

また，高能率符号化方式は冗長度を削減することにより，低ビットレートを実現する。そのため，伝送符号誤りに対して脆弱になる。符号誤りに対する耐性を持たせるために，FEC（forward error correction，前方誤り訂正）などの誤り保護が併用される。

各種音声符号化方式を表 3.2 にまとめて示す[3]。

50    3. 情報メディアのディジタル符号化

表3.2　各種音声符号化方式[3]

| 符号化方式 | 伝送速度〔kbps〕 | 標本サイズ〔ms〕 | MOS | ITU-T 勧告 | 仕様制定年 |
|---|---|---|---|---|---|
| PCM | 64 | 0.125 | 3.1 | G. 711 | 1972 |
| ADPCM | 32 | 0.125 | 2.85 | G. 726 | 1990 |
| LD-CELP | 15 | 0.625 | 2.61 | G. 728 | 1992 |
| CS-ACELP | 8 | 10 | 2.92 | G. 729 | 1996 |
| MP-MLQ | 6.3 | 30 | 2.9 | G. 723.1 | 1996 |
| ACELP | 5.3 | 30 | 2.65 | G. 723.1 | 1996 |

〔注〕　ADPCM：Adaptive Differential PCM
　　　　LD-CELP：Low Delay CELP
　　　　CS-ACELP：Conjugate Structure ACELP
　　　　MP-MLQ：Multipulse-Maximum Likelihood Quantization
　　　　ACELP：Algebraic Code Excited Linear Prediction

---

μ則とA則

　PCM 通信方式の原理は，1935 年に A. Reeves によって発明された。実現技術が不十分であったため，実用化されたのは半導体回路が実用化された 1960 年代に入ってからである。

　最初の PCM 伝送方式として，1962 年に米国で T1 システムが開発された。日本では，PCM-24 方式が 1964 年に実用化された。これらは，いずれも，24 チャネルの 64 kbpsPCM 音声をメタリック対線ケーブルで多重伝送するものであり，伝送速度は 1.544 Mbps である。欧州では，30 チャネルの 64 kbps 音声を多重伝送する E1 方式（2.048 Mbps）が 1970 年代初頭に実用化された。

　ヨーロッパは米国の PCM 伝送方式開発に遅れをとったが，特性面でより優れた方式の実現を目指し A 則を開発した。A 則は，SD 比のピーク値では μ 則には劣るが，所要のダイナミックレンジ内では SD 比の変化は少ない。すなわち，ダイナミックレンジ内での音声品質は，レベル変動に対してより安定している。

　PCM 音声を μ 則で 24 チャネル多重伝送する T1 伝送方式に対して，ヨーロッパは A 則で 30 チャネル多重伝送する E1 伝送方式を開発した。

　世界の通信ネットワークは，米国の T1 方式と同じ μ 則・1.5 Mbps をベースとするネットワークと，ヨーロッパの E1 方式と同じ A 則・2 Mbps をベースとするネットワークに大別される。相互接続の容易性の観点からは統一が望ましいが，実際には，技術戦略としてわざわざ異なる標準が採用された。

## 3.3 音声符号化　　*51*

$\mu$ 則を採用しているおもな国は日本，米国，カナダであり，ヨーロッパをはじめとするその他の多くの国は A 則を採用している。国際通信の場合には，1.5 Mbps と 2 Mbps は速度が異なるため多重化したままでは相互接続できない。そのため，音声チャネルにいったん分離した後，接続相手の伝送速度に多重変換する。しかし，速度変換に加えて $\mu$ 則と A 則の変換が必要である。この変換は $\mu$ 則のネットワーク側で行うことになっている。

伝送路速度は T1 が 1.544 Mbps に対して E1 は 2.048 Mbps である。T1 が物理層のオーバヘッド用に 1 フレーム（125 μs）に 1 ビットを割り当てているのに対し，E1 では 1 フレーム（125 μs）に 16 ビットを割り当てている。そのため，T1 ではネットワークの運用情報転送のための制約が多く，最大で 24 マルチフレームを構成してやりくりしている。このため，運用情報の転送速度は最大 3 ms（＝24×125 μs）1 ビットである。

一方，E1 のオーバヘッドは T1 に比べて余裕があるため 2 マルチフレームを採用している。運用情報の転送速度は 250 μs（＝2×125 μs）である。

さまざまなインタフェース仕様において，将来の拡張のための余裕を，「予約ビット（reserved bit）」あるいは「予約オクテット（reserved octet）」として確保しておくことが，現在では一般的である。

また，BSI（bit sequence independency）を確保するために，データ伝送においては 1 タイムスロット（8 ビット）をすべてデータ転送に割り当てることができないため，8 ビット中の 1 ビットを BSI 確保のためのビットとしている。これをビットスティールあるいは，ビットロビング（bit stealing, bit robbing）という。スティール（steal）もロブ（rob）も盗むの意である。

米国の電話ネットワークによるデータ転送の最大速度が 56 kbps であるのはこのためである。さらに，モデム伝送の最大ビットレートが 56 kbps であるのは米国の電話ネットワークのこのような制約によるものである。

システムの良否を比較するのは容易ではない。最初の開発では先行指標がないため，システム諸元を決定する際に明らかでなかった課題を，後発システムでは解決することが可能である。そのため，後発システムは一般的にバランスがよくなる。すなわち「できのよいシステム」となる。テレビジョン放送方式の NTSC，SECAM，PAL がその例である。

52    3. 情報メディアのディジタル符号化

## 3.4 オーディオ情報符号化

　人間の聴覚のダイナミックレンジは 80～120 dB，可聴帯域幅は 15 Hz～20 kHz とされている。電話音声信号のベースバンド帯域幅が 3.4 kHz であるのに対して，音楽などのオーディオ情報はベースバンド帯域幅が AM 放送で 7 kHz，FM 放送で 15 kHz，音楽 CD では 20 kHz である。ダイナミックレンジは FM 放送で 73 dB，音楽 CD で 98 dB（16 ビット）である。音声信号と比較すると所要帯域幅とダイナミックレンジが大きい。各種ディジタルオーディオ情報符号化方式緒元を表 3.3 に示す。最新のハイレゾ音源は従来の CD と比べて標本化周波数で 4 倍強，量子化ビット数で 8，つまり $2^8$ の 256 倍，1 000 倍以上にきめ細かい音であるということになる。

表 3.3　各種ディジタルオーディオ情報符号化方式緒元

| 方　式 | 標本化周波数〔kHz〕 | 量子化ビット数 | 信号帯域 | 伝送レート〔kbps/チャネル〕 | 備　考 |
|---|---|---|---|---|---|
| サブバンドADPCM | 16 | 4 2 | 50 Hz～7 kHz | 64 32 | ITU-T G.722 ITU-T G.722.1 |
| 384 kbpsオーディオ符号化 | 32 | 11 | 50 Hz～15 kHz | 384 | ITU-T J.41 |
| 衛星テレビ音声 | 32 | 14 | 50 Hz～15 kHz | 512 | |
| 音楽 CD（コンパクトディスク） | 44.1 | 16 | 20 Hz～20 kHz | 705.6 | |
| ハイレゾ音源 | 192 | 24 | 20 Hz～98 kHz | 2 304 | |

## 3.5　画　像　符　号　化

〔1〕 動 画 像 符 号 化

日本，北米で使用されている NTSC 方式によるテレビジョン動画信号のベ

ースバンド帯域は 4.2 MHz である。NTSC 方式テレビジョン信号の周波数スペクトラムを図 3.5 に示す。

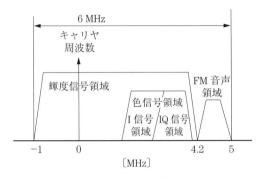

図 3.5　NTSC 方式テレビジョン信号の周波数スペクトラム

広く使用されているディジタル画像符号化方式には，帯域圧縮を行わず，最も単純であるがビットレートが最も大きい PCM 符号化方式のほかに，おもな符号化方式として MPEG-1，MPEG-2，MPEG-4，H.264 がある。当初は，MPEG-2 は従来のテレビ放送並みの画像，MPEG-3 は HDTV 用の符号化方式として開発されたが，MPEG-2 のプロファイルに HDTV を吸収したため，MPEG-3 は欠番のままである。

MPEG-1 は，MPEG 規格として最初に制定された。動画と音声を合わせて 1.5 Mbps 程度のデータ転送速度を想定し，画質は VHS ビデオ並みである。ビデオ CD などで利用されている。

MPEG-2 は，DVD，デジタル BS，CS，IP ネットワーク配信など蓄積系，放送，通信などに汎用的に使用されている。MPEG-1 に比較して高画質である。

MPEG 符号化方式のブロック構成を図 3.6 に示す。

フレーム内画像の各画素の信号と周波数領域に変換する機能ブロック（DCT : discrete cosine transfer，離散コサイン変換）と，フレーム間画像（時間軸上）相関性を利用して冗長度圧縮を行う機能ブロック（フレーム間予測）からなり，符号量削減を行う。符号化された画像信号には，I ピクチャ，P ピ

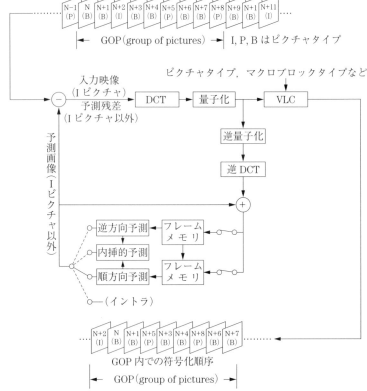

図3.6 MPEG符号化方式のブロック構成

クチャ，Bピクチャの3種類がある。

　Iピクチャ（Intra-coded picture）は画像フレームに離散コサイン変換（DCT）したもので符号量は削減されているが，全画面情報を持つ。

　Pピクチャ（Predicted picture）は，前フレームのIピクチャまたはPピクチャから予測によって得られた差分画像で，例えば，背景の部分やあまり変化のない風景の場合，当然，情報量はIピクチャよりも削減されている。

　Bピクチャ（Bi-directionary predicted picture）は，前フレームと後続フレームから得られる，いわば中間値からの差分による予測差分画像であり，最も

3.5 画像符号化　　**55**

情報量が少ない。P，Bピクチャは，差分信号のみからなり，これらのいずれかからそのフレームの全体画像を再現することはできない。

　MPEG-2ではプロファイルとレベルが規定されている。MPEG-2プロファイルには，シンプル（Simple），メイン（Main），SNRスケーラブル（SNR Scalable），空間スケーラブル（Spatially Scalable），ハイ（High）の5種類があり，レベルにはロー（Low），メイン（Main），ハイ1440（High-1440），ハイ（High）の4種類がある。MPEG-2のプロファイルとレベルを**表3.4**に示す。

表3.4　MPEG-2のプロファイルとレベル

| プロファイル／レベル | Simple | Main | SNR Scalable | Spatially Scalable | High |
|---|---|---|---|---|---|
| High<br>H：1920<br>V：1152<br>T：60 | — | 80 Mbps | — | — | 100 Mbps<br>80 Mbps<br>25 Mbps |
| High-1440<br>H：1440<br>V：1152<br>T：60 | — | 60 Mbps | — | 60 Mbps<br>40 Mbps<br>15 Mbps | 80 Mbps<br>60 Mbps<br>20 Mbps |
| Main<br>H：720<br>V：576<br>T：30 | 15 Mbps | 15 Mbps | 15 Mbps<br>10 Mbps | — | 20 Mbps<br>15 Mbps<br>4 Mbps |
| Low<br>H：352<br>V：288<br>T：30 | — | 4 Mbps | 4 Mbps<br>3 Mbps | — | — |

〔注〕　H：水平ピクセル数，V：垂直ピクセル数，T：フレーム数/s

　目的に応じて，これらの11種類プロファイルとレベル組合せの一つを使用する。例えば，MPEG-2のMainProfiles & MainLevel（MP@ML）は，デジタルテレビ放送，デジタルビデオ並みの画質である。

　MPEG-4は，携帯電話のような低ビットレートに適した画質からHDTV並みの画質まで，広範囲の応用を持つ規格である。MPEG-4は，オブジェクト

**56    3. 情報メディアのディジタル符号化**

指向であり，3次元空間中の構成物をオブジェクトとして符号化する。MPEG-2に比べて，2倍以上の圧縮効率が特徴で，特に，低ビットレートでの活用が注目され，デジタル録画やインターネットテレビなどで使用されている。MPEG-4には複数の規格があり，規格間の互換性に問題がある。

H.264はITU-Tで研究が開始され，その後，ISO/IEC JTC1のMoving Picture Experts Group（MPEG）と合同で仕様化された（2003年5月）。ISO/IEC JTC1ではMPEG-4 Part 10 Advanced Video Coding（AVC）として研究されていたため，H.264/MPEG-4 AVCあるいはH.264/AVCとも呼ばれる。

H.264はMPEG-4と同様に，MPEG-2の2倍以上の圧縮効率を実現する。携帯電話などの用途向けの低ビットレートから，HDTVクラスの高ビットレートに至るまでの幅広い利用が期待されている。地上デジタル放送の携帯電話向け放送「ワンセグ」や，HD DVDやブルーレイディスクなどで標準動画形式として採用されている。

符号化の基本的な方式はH.263などの従来方式を踏襲しており，動き補償，フレーム間予測，離散コサイン変換（DCT），エントロピー符号化などを組み合わせたアルゴリズムを利用する。それぞれについて改良することにより，高圧縮率を実現している。

MPEG-2と同様にプロファイルとレベルが定義されている。フレーム予測技術や符号化に関する方式選択が可能である。それらの組合せがプロファイルとして定義されており，目的に応じて使い分けることで，要求される処理性能やビットレートの違いに柔軟に対応できる。ベースラインプロファイル，メインプロファイル，拡張プロファイルの3種類が規定されている。レベルは，レベル1からレベル5.1まで，16段階が定義されている。それぞれのレベルにおいて，処理の負荷や使用メモリ量などを表すパラメータの上限が定められ，画面解像度やフレームレートの上限を決定している。通常，プロファイルとレベルを合わせて，SP@L3（シンプルプロファイルレベル3）のように表記する。

原情報が失われる（lossy）符号化方式を非可逆符号化方式といい，原情報

3.5 画像符号化　　**57**

を保持する符号化方式を可逆符号化方式という。非可逆符号化方式による符号
化信号を復号化して復元した情報は，元の情報とは異なっている。すなわち，
品質劣化が伴う。MPEG による画像符号化は高圧縮率であるが，原情報の一
部は失われる。

　PCM，ADPCM，MPEG-1，MPEG-2，MPEG-4，H.264 の特徴を**表 3.5** に
示す。

表 3.5　各種動画像符号化方式の特徴

| 方　式 | PCM | ADPCM | MPEG-1 | MPEG-2 | MPEG-4 | H.264 |
|---|---|---|---|---|---|---|
| 符号化方式 | 線形量子化 PCM | 適応差分符号化方式<br><br>フレーム内予測 | 離散コサイン変換（DCT）<br>フレーム内予測<br>フレーム間予測 | 離散コサイン変換（DCT）<br>フレーム内予測<br>フレーム間予測 | 離散コサイン変換（DCT）<br>フレーム内予測<br>フレーム間予測 | 離散コサイン変換（DCT）<br>フレーム内予測<br>フレーム間予測 |
| 動き保証 | なし | なし | あり | あり | あり | あり |
| 特徴 | 最も単純 | 最も単純な高能率符号化<br>圧縮率小 | 1.5 Mbps までの動画を対象 | 従来テレビ並みからHDTV クラスの画像に対応 | MPEG-2 よりも高圧縮 | MPEG-4 の 2 倍以上の圧縮率 |
| 用途 | 放送<br>通信 | 通信 | 蓄積系（CD など） | 蓄積系（DVD）放送通信 | 蓄積系，放送，通信，インターネット | 蓄積系，放送（テレビ，HDTV），通信，インターネット，移動体通信 |
| 参考<br>NTSCテレビ信号相当の画像符号化ビットレート | 100 Mbps（複合信号） | 30〜50 Mbps | 適用外 | 6〜8 Mbps | 適用外 | 〜1 Mbps |

　MJPEG（MotionJPEG）は，原情報を保持しつつ高能率符号化を行う方式と
して JPEG（次項参照）を用いる。MJPEG では動画の各フレームに対して

**58**　　3.　情報メディアのディジタル符号化

JPEG で符号化を行う。

MJPEG2000（Motion JPEG2000）は，MJPEG と基本的な仕組みは同じであるが，フレームごとの符号化を JPEG2000（次項参照）による符号化を行う。フレームごとに独立に符号化しているため，フレームごとの編集が可能であり，可逆変換を採用すれば品質劣化のない動画像符号化が可能である。おもに DV（digital video）機器がこの方式を用いている。

〔2〕　静止画像符号化

静止画像符号化の代表的な技術に JPEG（Joint Photographic Experts Group）がある。JPEG は，この符号化方式を研究した ISO の専門家グループの名称であり，さらに，画像符号化方式も JPEG と呼ばれている[4]。

JPEG は，デジタルカメラやコンピュータの静止画像フォーマットとして広く使用されている。圧縮率は 1/10～1/100 程度である。写真などの自然画の圧縮には効果的であるが，コンピュータグラフィックスには適当でない。

JPEG には，符号化する際に原情報の一部が失われる（lossy）基本方式（baseline system）と拡張方式（extended system）がある。また，原情報が失われない（lossless）ことが必要な用途のための DPCM 方式がある。

基本方式では，帯域圧縮のために 8 画素×8 画素のブロック情報に DCT を用いる。DPCM 方式では，2 画素×2 画素のブロック情報に DPCM による予測を行う。予測式は，あらかじめ定められているものから選択するので，予測式が既知であれば原画像情報が再現できる。当然，ロスレスの DPCM 方式による符号化は基本方式に比較して圧縮能率は低くなる。

JPEG 符号化方式の概要を図 3.7 に示す。

JPEG2000 は，JPEG の後継符号化方式である。DCT の代わりに離散ウェーブレット変換（DWT）を用いて圧縮性能を向上している。DWT には，原情報が一部失われる非可逆変換と，原画像情報が失われない可逆変換の双方が規定されている[5]。

原理を理解するために，JPEG の各圧縮技術を順に説明する。フーリエ変換は，周期的な関数と sin と cos の和で表せるものである。フーリエ変換と同様

## 3.5 画像符号化

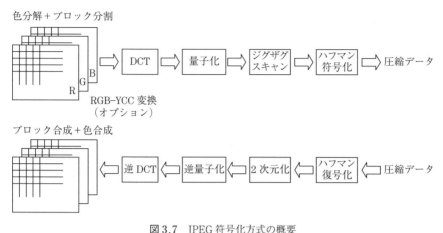

図 3.7　JPEG 符号化方式の概要

の手法を 2 次元に拡大した離散コサイン変換（DCT）は，2 次元の信号（複数のピクセルの模様）を離散値に変換する手法であり，二つの cos 波形の積の加算で表す次式である．

$$C(h,\nu) = C(h) \sum_{y=0}^{7} \sum_{x=0}^{7} (x,y) \cos\left(\frac{\pi\nu(2y+1)}{16}\right) \cdot \cos\left(\frac{\pi h(2x+1)}{16}\right)$$

$C(h,\nu)$ は，周波数の異なる 0～7 の cos の積で，その大きさを $C(h)$ として重みを付ける．各 cos 関数は，$x$ もしくは $y$ を $j$ として，$j=0$～7 で，図 3.8 のように同波数が異なっている．

2 次元で，これらの関数の積は，図 3.9 のように周波数やグレーの度合いが異なり，各ピクセルをこの和として表現する．$(x,y)$ の値で，それの重さ $C(h)$ を付けた加算ですべての，例えば 4×4 ピクセル群の模様を表現している．ここで誤解しないようにしてほしいのは，図 3.9 の左側に示しているのは，$(x,y)$ の DCT における要素であり，ピクセル等の位置的な配置ではない．図 3.9 を見ると，$(x,y)=(7,7)$ は，最も高周波（細かい部分）の情報である．この DCT の各要素の足し算で図 3.9 の右のように画面全体の一部（例では 4×4 ピクセル群）を表すことができる．

それぞれ $(x,y)$ の要素の重さを与えるが，重さを図で示したのが図 3.10 で

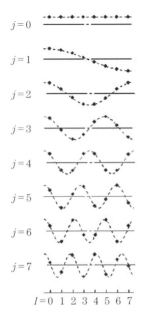

図 3.8 離散コサイン変換 (DCT) の各要素

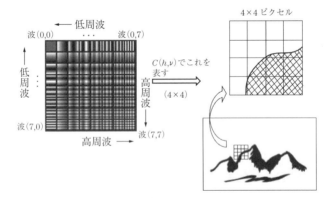

図 3.9 DCT における各要素のイメージ

あり，図の要素をジグザグスキャンして並べると，重要な順（おもに低周波から並ぶ）になる。そのため，帯域や情報量を減らしたい場合は，どこかで値を切って，残りを捨てることにより，情報量を減らすことができる。また，後半は"0"が多く続く可能性も高く（例えば，空ならば，4×4 ピクセルは単一の

## 3.5 画像符号化

矢印の順番でデータを読む。
データを羅列すると

331210110000000……

後ろのほうに高周波成分が集まり，連続して 0 が発生しやすくなる
↓
符号化で圧縮率がよくなる

量子化後のデータ

図 3.10　ジグザグスキャンの原理

濃淡で（図 3.9 では波 $(0,0)$ で表せる）で高周波がない），後半を切っても影響が少ない。JPEG の最後にハフマン符号化を用いる。これは，詳細を説明しないが，ABCDE という文字の出現確率が BCADE の場合，B = "0"，C = "10"，D = "110" といった出現可能性の高い文字は，ビット桁数の少ない符号を与えるものである。JPEG の高性能な圧縮技術は，これらの工夫により実現している。

さらに，JPEG2000 は，JPEG よりも高圧縮，高品質な画像圧縮が特徴である。同じ画質の JPEG の約半分のデータ量に圧縮する。高圧縮率（低画質）の JPEG で発生するブロックノイズ（圧縮ブロック単位で発生するノイズ）やモスキートノイズ（蚊の大群が画像のエッジ部分に密集しているように見えるノイズ）が発生しない。また，著作権保護のための「電子透かし」の挿入も可能である。

JPEG は，多少のデータの損失を許容することで高い圧縮率を達成した。また，JPEG2000 では，損失のない可逆圧縮の選択も可能になった。

# 4章 アクセスネットワーク技術

## 4.1 アクセスネットワークとコアネットワーク

　ネットワークは，ユーザ端末をサービスノードに接続するアクセスネットワークと，サービスノード間を接続するコアネットワークから構成される。サービスノードは，電話サービスの場合には加入者交換機，インターネット接続サービスの場合にはISPサーバに相当する。アクセスネットワークとコアネットワークからなるネットワークの基本接続構成を図4.1に示す。

　従来の電話ネットワークでは，アクセスネットワークに相当するものは，加入者交換機の加入者回路と電話機を1対1で接続するツイストペアケーブルの

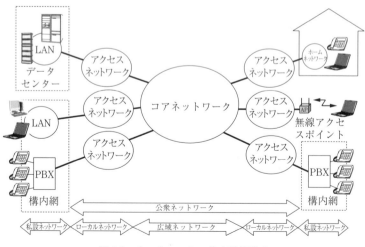

図 4.1　ネットワークの基本接続構成

加入者線である。

これに対して，ISDN，インターネットブロードバンドアクセスなどのアクセスでは，ユーザ宅内側には加入者線終端装置が，局側には回線終端装置が設置される。加入者線終端装置と局側回線終端装置を単純に1対1接続する形態もある一方，複数の加入者に対して一つの局側回線終端装置で終端接続する形態（PON：passive optical network，PDS：passive double star ともいう）や，ケーブルテレビのようなツリー型の接続形態，さらに，広域 LAN などのようにリング配線などのさまざまな形態のアクセスネットワークがある。

アクセスネットワークは，ユーザ端末の要求するサービスを，ネットワークの適切な機能に整合させることである。具体的には，ユーザ-ネットワークインタフェース（UNI：user-network interface）終端，A-D変換，D-A変換，試験などのユーザポート機能，ネットワークのオペレーションとして必要となるサービスポート機能，集線，回線エミュレーション，シグナリング多重化などのコア機能，多重伝送，クロスコネクトなどの転送機能，運用保守などの管理機能などが基本機能のおもなものである[1]。

アクセスネットワークの基本機能と構造を図4.2にまとめる。

アクセス方式には，電話加入者線のような単純なベースバンド伝送によるア

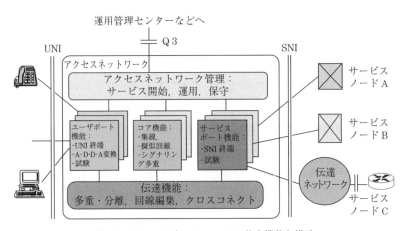

図4.2　アクセスネットワークの基本機能と構造

クセス方式と，ブロードバンドインターネットアクセスに用いられているADSL，光アクセス（FTTH），ケーブルアクセス方式がある。これらの各種アクセス方式の接続形態を図4.3に示す。

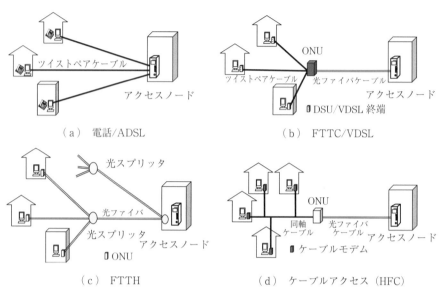

図 4.3　各種アクセス方式の接続形態

## 4.2　xDSL

xDSL（x digital subscriber line）とは，既設のメタリックペアケーブル加入者線を利用して，ネットワークアクセスするディジタル伝送技術の総称である。xは伝送方式の異なる ADSL, VDSL, HDSL, SHDSL などの頭文字の A, V, H, SH を変数と同様に扱って読み替えたものである。数学的な表現をすれば，xDSL, x = A, V, H, SH である。

インターネットではアプリケーションサーバからユーザ端末方向へのダウンロード情報容量が，ユーザからネットワーク方向へのアップロード情報容量と比較して大きい。このような条件に適合させるため，ネットワークからユーザ

端末への下り方向の伝送速度が，上り方向の伝送速度より大きく設定したものがADSLである。

加入者線は，加入者電話局とユーザ宅内を1対1で直接接続する。加入者線は，ユーザ端末ごとに占有使用される。

ADSLは，既設の電話加入者線（ツイストペアケーブル）を利用する。ADSLは，ディジタルデータ信号を変調して電話ベースバンド信号伝送帯域より高い周波数帯域で伝送するモデム伝送である。すなわち，一対の加入者線上で電話音声信号とディジタルデータ信号を周波数分割多重伝送し，加入者線を共用する。

ADSLアクセスの基本構成を図4.4に示す。加入者線の両端に，電話音声信号とディジタルデータ信号を多重・分離するためのスプリッタ（フィルタ）が設置される。

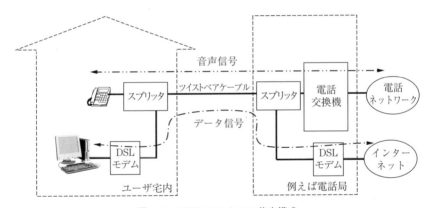

図4.4　ADSLアクセスの基本構成

ADSLでは，上下方向の双方向データ伝送のために，音声ベースバンド帯域外の帯域を二つに分割し，周波数分割による双方向多重伝送を行う。ADSLの信号帯域配置例を図4.5に示す。

ADSLは数km程度の伝送に使用される。初期の規格では，25〜138kHzを上り方向，138〜1 104kHzを下り方向の伝送に用いる。下り伝送速度を高速化するために帯域を2倍にしたものは，ADSL+と呼ばれる。

*66*　　4. アクセスネットワーク技術

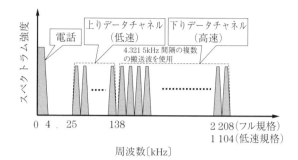

（a） マルチキャリヤ変調方式（DMT）

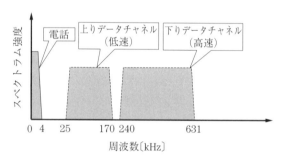

（b） キャリヤレス振幅変調方式（CAP）

図 4.5　ADSL の信号帯域配置例

ADSL の基本的な規格には

①　ADSL フル規格（ITU-T G.992.1）

②　ADSL 低速規格（ITU-T G.992.2，通称 ADSL Lite）

の二つがある[2), 3)]。

ADSL フル規格の場合は，上り方向伝送速度は最大 640 kbps，下り方向伝送速度は最大 8 Mbps である。一方，ADSL Lite の場合は，上りが最大 512 kbps，下りが最大 1.5 Mbps である。ADSL Lite は，ハーフレート ADSL またはユニバーサル ADSL とも呼ばれる。

マルチキャリヤ方式の DMT 方式においては，他の ISDN 等の干渉量を考慮して，上りと下りで各月消費ごとに干渉量を測定し，SN 比を計算し，許容誤り率まで，符号化変調方式（多値値等）を選択している。つまり，ISDN が隣

接していなかったり，未使用の場合は，より多くのビットレートを伝送できる符号化変調方式を選択できる（図4.6参照）。ISDNは，上り下りの送信タイミングが異なり，そのタイミングに合わせて多値数や，さらには誤り訂正符号の符号化率を適用後に可変にする方式が，国内標準となっている（図4.7参照）。

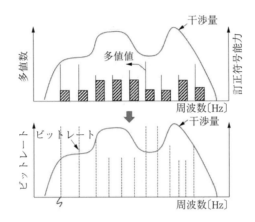

図4.6 DMTにおける，さらなる周波数の利用

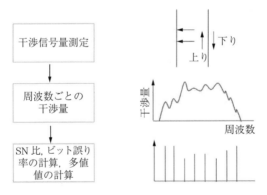

図4.7 ADSLにおけるダイナミックな周波数ごとの変調方式

ユーザ宅内から電話局までの距離，他の加入者線の伝送信号からの漏話や，反射による雑音などの電気的環境条件や，ケーブル種別などの敷設環境により，伝送速度は影響を受ける。そのため，最大伝送速度は規定されているが，

距離が大きくなると伝送線路の減衰ひずみが大きくなること，他のケーブルの信号からの誘導雑音が増加することなどの理由により，実効伝送速度は低下する。すべてのユーザ端末が，伝送損失や外部雑音の点で最大伝送速度を満足する条件を必ずしも備えているわけではないため，最大伝送速度は，すべてのユーザ端末に対して保証されるものではない。ADSLの1.5 Mbps方式，8 Mbps方式，24 Mbps方式のスループット平均値と加入者線長の実測例を図4.8に示す[4]。

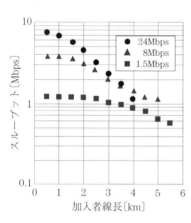

図4.8　ADSLの各種方式のスループット平均値と加入者線長の実測例

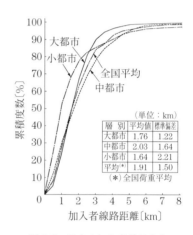

図4.9　日本の加入者線長分布

ちなみに，日本の平均加入者線長は約2 km，90%値で7 kmである。日本の加入者線長分布を図4.9に示す[5]。

そのほか，先に述べたとおり，XDSLには，1.5〜2 MbpsのHDSL，下りが50 Mbpsと高速のVDSL，インターネットアクセス用のSHDSLがあった。

## 4.3　光アクセス

光ファイバケーブルは，Gbpsオーダの伝送が可能である。ADSLは，敷設済みのより対線ケーブルの加入者線を有効利用し，かつ電話加入者線と線路設

備を共通に利用するため経済的である。これに対して，光アクセス（FTTH）では，光ファイバケーブルを新たに敷設する必要がある。

光アクセスネットワークの構成には，PP（point-to-point，SS：single star ともいう）と PON がある。

光アクセスの PP 方式と PON 方式の構成例を図 4.10 に示す。PP および PON では，光信号は上りと下りで異なる波長の光信号による波長多重（WDM：wavelength division multiplexing）伝送を行う。

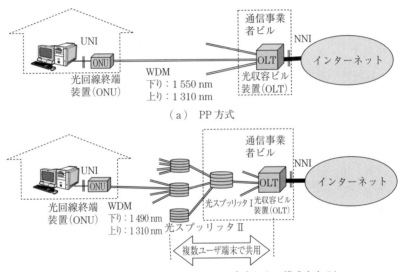

(a) PP 方式

(b) PON 方式（光スプリッタ I が存在しない構成もある）

図 4.10　光アクセスの PP 方式と PON 方式の構成例

〔1〕 PP 光アクセス

PP 光アクセスでは，ユーザ宅内に光回線終端装置（ONU：optical network unit）を，通信事業者ビルに光収容ビル装置（OLT：optical line terminal）をそれぞれ設置し，ONU と OLT 間を光ファイバにより 1 対 1 で接続する。

光ファイバをユーザ宅内と通信事業者ビル間で 1 ユーザ端末が占有使用するので，20～30 km 程度の伝送が可能である。さらに，1 本の光ファイバを 1 ユーザ端末が占有しているため，外部からの侵入などに対して，より安全性が高

い。PP 光アクセスでは，100 Mbps 光イーサネット（100 BASE-FX）をベースとして，アクセスネットワークに必要な機能が追加されている。OLT と ONU には，電気信号と光信号との相互変換を行うメディアコンバータ（MC：media converter）が適用される。

1本の光ファイバを占有するため，帯域は光ファイバの最大伝送能力を使用することができる。

〔2〕 PON 光アクセス

PON 光アクセスは，ユーザ宅内の ONU と通信事業者ビル内の OLT を，ONU と OLT の中間に設置された受動的光スプリッタを介して光ファイバにより接続する。光スプリッタは，OLT と ONU との中間の通信事業者ビル内あるいは屋外の電柱上に設置される。光スプリッタは，ポート数が1の事業者ビル側ポートと，ポート数が $n$ のユーザ側ポート間の光の分配と集合を行う。OLT は，1本の光ファイバで光スプリッタの事業者側ポート（ポート数1側）に接続され，ONU は，$n$ 本のユーザ側ポートに個別の光ファイバで接続される。通常，16～64 ユーザ端末で PON を共有使用する（図 4.10 参照）。

OLT からの下り光信号は，光スプリッタで光の信号をコピーするように分配され，各 ONU に到達する。ONU は，その光信号を電気信号に変換し，信号のヘッダ部を見て，宛先が自分宛かどうかをチェックする。自分宛のものなら取り込み，そうでなければ廃棄する。ONU からの上り光信号は，光スプリッタで集合多重化される。各 ONU からの光信号は，同一波長を用いているので，多重化の際に，衝突を起こさないように，OLT は，ONU の信号送出タイミングを制御する。すなわち，各 ONU への線路長の差を考慮して，送出タイミングを補正し，時分割的に送信を行う。さらに，OLT は各 ONU に対して，データ送出量を指示する機能を持っている。こうして，ONU ごとの帯域制御が可能となる。

PON には，ATM 技術ベースのタイプ（B-PON）と，イーサネット技術ベースのタイプ（E-PON）がある。

PON では，光スプリッタから OLT 側の光ファイバや光モジュール（光送

受信回路）などの通信設備が，同じ光スプリッタに接続されている ONU で共用化するため，PP と比較して経済的である。

　事業者ビルから光スプリッタまでは，1 本の光ファイバを複数ユーザ端末で共用する。そのため，全ユーザ端末が同時に使用する場合には，ユーザ端末数を $n$ とすると，共有部分の光ファイバの最大伝送能力からオーバヘッドを除いた帯域の $n$ 分の 1 が，各ユーザ端末に配分される最大伝送能力である。また，下り方向の光信号は，$n$ 個の ONU に光パワーのエネルギーを分ける型で分岐配信されるため，光信号強度も最大でも $n$ 分の 1 になる。そのため，分岐数が多くなると伝送距離は小さくなる。実際には，光スプリッタの内部損失のため，さらに伝送距離は小さくなる。

　PON による光アクセスの主要方式を表 4.1 に示す。16〜64 のユーザ端末が，光スプリッタにより 1 芯の光ファイバの帯域を共用する。

　通常のメタリック加入者線の最大長は，5〜7 km 程度である。それに対し

表 4.1　PON による光アクセスの主要方式

| 伝送フレーム | | B-PON | G-PON | E-PON | GE-PON |
|---|---|---|---|---|---|
| 伝送フレーム | | ATM | GEM/ATM | イーサネット | イーサネット |
| 伝送速度 | 上り | 155/622 Mbps | 155/622 Mbps/ 1.244/ 2.488 Gbps | 100〜600 Mbps | 1.25 Gbps （実効 1 Gbps） |
| 伝送速度 | 下り | 155/622 Mbps/ 1.244 Gbps | 1.244/ 2.488 Gbps | 100〜600 Mbps | 1.25 Gbps （実効 1 Gbps） |
| 光波長 （WDM の場合） | 上り | 1.26〜1.36 μm | 1.31 μm | 1.31 μm | 1.31 μm |
| 光波長 （WDM の場合） | 下り | 1.48〜1.58 μm | 1.49 μm | 1.49/1.55 μm | 1.49/1.55 μm |
| PON 当りの加入者数 | | 32 （最大 64） | 32 | 32 | 32 （16 以上） |
| 伝送距離 | | 20 km | 10/20 km | 30 km | 10/20 km |
| 備　考 | | | GE-PON を G-PON と 誤用する場合 がある | GE-PON と 区別するため 100 M の場合 100 ME-PON とも呼ばれる | 単に E-PON とも呼ばれる |
| 仕　様 | | ITU-T G.983 | ITU-T G.984 | 日本独自仕様 | IEEE802.3ah （EFM） |

72     4. アクセスネットワーク技術

て，PON の伝送距離は 10〜20 km であるため，1 通信事業者ビルがカバーする加入者エリアを大きくとることができる。メタリック加入者線に比較して，約 10〜16 倍程度の広い範囲を 1 事業者ビルに収容可能であるため，エリア内のユーザ密度が疎な場合にも適している。

〔3〕 B-PON

B-PON（broadband PON）は，ATM 技術をベースとした PON 方式である。光伝送信号として 53 オクテットの ATM セルを使用し，ONU の識別にATM の VPI（virtual path identifier，仮想パス識別子）を使用する[6]。ATM-PON とも呼ばれる。最大 32 分岐で最長 20 km の伝送が可能である。上り波長 1 260〜1 360 nm，下り波長 1 480〜1 580 nm の波長多重による双方向伝送を行う。

通信速度は上り 155 Mbps，622 Mbps，下り 155 Mbps，622 Mbps，1.2 Gbps であり，下り伝送速度に対して，それを超えない上り伝送速度が適用される。

オプションとして，下り波長帯域内に追加サービス用の波長（1 550〜1 560 nm）を定義してあり，デジタル放送などの多重が可能である。

〔4〕 G-PON

G-PON（gigabit-capable PON）[7] では，PON の伝達モードとして，可変長の GEM（G-PON encapsulation method）フレーム，あるいは，ATM セルのいずれかを用いる。

下り伝送速度 1.244 Gbps，2.488 Gbps，上り伝送速度 155.52 Mbps，622.08 Mbps，1.244 Gbps，2.488 Gbps である。下り伝送速度に対して，それを超えない上り伝送速度が適用される。例えば，下り 1.244 Gbps の場合，上り 155.52 Mbps，622.08 Mbps，1.244 Gbps のうちの一つが選択される。イーサネットの伝送もサービスメニューの一つである。

つぎの GE-PON は，イーサネットフレームを用いる伝送であり，名称が紛らわしく混用されることがあるので注意が必要である。

## 〔5〕 E-PON/GE-PON

E-PON/GE-PON（Ethernet over PON/gigabit Ethernet PON）[8]はイーサネットをベースとしたPON方式である。光ファイバ伝送にイーサネットフレームを用いる。MACフレームのプリアンブル部分を使用して，ONUのID番号

---

**ラストマイルとファーストマイル（最後の1マイルと最初の1マイル）**

ADSLではすでに電話加入者線として敷設済みのケーブルを加入者線として利用するのに対して，光ファイバによるアクセスは，光ファイバケーブルをすべて新規に敷設する必要がある。ケーブル敷設コスト負担が大きいこと，光ファイバ線路がツイストペアケーブルに比べて高価なことなどから，ユーザ宅内まで光ファイバで接続するFTTHは，遅々として進まなかった。ネットワークの全光化の最後のターゲットがユーザ宅内までの加入者線の部分にあることから，「ラストマイル」問題と呼ばれていた。ちなみに，1マイルは1.61 kmであり，日本の大都市の平均加入者線長は1.76 kmである。

将来的にはコスト低減は見込むことができるものの，大量導入によるコスト削減か，コスト削減による大量導入かは「鶏と卵」の関係であり，長期間にわたる議論であった。

光ファイバ導入は，コストが下がったから進展したのではなくて，国際および国内の市場競争に優位に立つための市場戦略を契機として拍車がかかった。

一方，イーサネットはオフィス内LANや，構内LANで広く使用されている。最近ではブロードバンドインターネットアクセスの普及に伴い，家庭内のLANとしても普及している。このイーサネットをベースにして，ネットワークアクセスに利用するのがE-PONである。米国では，IEEE 802.3 ahとして仕様化され，メタリックケーブル，光PPおよびPONを使用する。IEEE 802.3 ahは別名EFMと呼ばれる。すなわち，ユーザ側からのネットワークアクセス部分の最初の1マイルに，ユーザ宅内の技術を延長する試みであるとの狙いである。ネットワークアクセスのユーザ宅内から1マイルは，ネットワーク側から見れば最後のターゲット，ユーザ側から見れば最初のターゲットである。

同様に，ユーザ端末は，ネットワーク側から見れば最後の端点（すなわち端末，end terminal），ユーザ側から見ればネットワークアクセスのための最初の端点である。

を識別する。E-PON は，上り下りとも最大 1 Gbps の仕様があり，GE-PON と呼ばれることもある。また，LAN に用いられているイーサネットをアクセスネットワークに拡張適用することを目的としているため，EFM（Ethernet in the first mile，最初の 1 マイルのイーサネット）とも呼ばれる。

日本では，上り下りがそれぞれ 100 Mbps および 600 Mbps のものが，当初，導入された。PON 部分は 100 Mbps である。最大 32 加入者で共同使用するため，32 加入者が同時に使用すると，加入者当りの最大平均スループットは約 1/32 になる。100 Mbps の最大実効スループットは 70〜80 Mbps 程度であるので，1 加入当り数 Mbps のスループットとなる。伝送速度 1 Gbps のものが一般的になりつつある。

GE-PON は，G-PON と混同されることがあるが別物である。

〔6〕 10G-EPON

10G-EPON（10 Gigabit-Ethernet PON）[9] は，GE-PON の次世代版にあたる PON 方式の規格である。伝送には E-PON/GE-PON と同様にイーサネットフレームを用いるが，最大伝送速度が 10 Gbps に増加する。具体的には，上り 10 Gbps/下り 10 Gbps（対称）と，上り 1 Gbps/下り 10 Gbps（非対称）の 2 種類の速度の光インタフェースが規定されている。GE-PON と同様に，最大伝送距離は 20 km，最大収容 ONU 数は 32 である。FTTH サービスとして幅広く普及した GE-PON からの円滑な移行を実現するために，GE-PON の ONU と 10G-EPON の ONU を一つの 10G-EPON システム内に共存させる仕

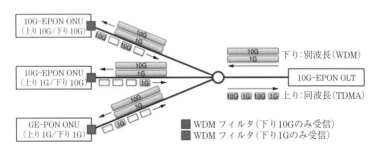

図 4.11　10G-EPON における複数仕様の ONU の共存[10]

様が定められている。図 4.11 に 10G-EPON における複数仕様の ONU を同時
収容する方式を示す[10]。下り伝送では 1 Gbps と 10 Gbps で異なる波長帯が使
用され，ONU はいずれかの信号を波長フィルタによって選択的に受信する。
一方，上り伝送では 1 Gbps と 10 Gbps で同一の波長帯が使用され，異なる伝
送速度の信号が混在した TDMA が行われる。OLT には両方の伝送速度に対
応したバースト受信機が搭載される。

〔7〕 XG-PON

XG-PON（10 Gigabit-capable PON）[11]は，G-PON の次世代版にあたる
PON 方式の規格である。伝送速度は上り 2.5 Gbps/下り 10 Gbps の非対称型
である。最大伝送距離は 20 km（論理的には 60 km），最大収容 ONU 数は 64
（論理的には 128）と定められている。10G-EPON の場合と同様に，前世代の
規格である G-PON との一つのシステム内での共存を可能とする仕様が定めら
れている。なお XG-PON は，後述する Next-Generation PON 2（NG-PON2）
に対して，Next-Generation PON 1（NG-PON1）に位置付けられている。

〔8〕 NG-PON2

光通信ネットワークの業界団体である Full Service Access Network
（FSAN）が主導となり，10 Gbps 級 PON 方式のさらに先を見越して，Next-
Generation PON（NG-PON）の検討が進められた。NG-PON では，伝送容量
の増加やユーザ収容範囲の拡大に加えて，前世代の PON 装置との共存や複数
サービスの収容に重点を置いた。NG-PON の検討は NG-PON1 と NG-PON2
の 2 フェーズに分けて進められ，前者は現在商用化されている PON 装置を活
用する短期的ソリューション，後者は TDM やツリー型トポロジーなどの既存
方式にとらわれない長期的ソリューションとして検討が行われた。

NG-PON2 方式として ITU-T により勧告化[12]されたアーキテクチャを図
4.12 に示す。本勧告では TDM と WDM のハイブリッド方式を採用し，上り
下りそれぞれ最大 4 波長が使用される。各波長の伝送速度は 2.5 Gbps あるい
は 10 Gbps であるため，最大で片方向当り 40 Gbps の伝送容量となる。OLT
には波長ごとに光送受信器が設置される。また，ONU は任意の波長に対応可

76    4. アクセスネットワーク技術

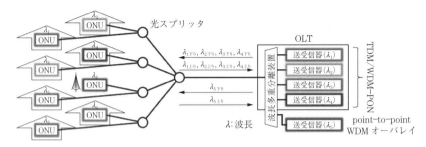

図 4.12　NG-PON2 アーキテクチャ

能な光送受信器を備える．最大伝送距離は 40 km，最大収容 ONU 数は 256 と定められている．

さらに，NG-PON2 方式の特徴として，point-to-point 型の WDM オーバレイをオプションでサポートすることが挙げられる．図 4.12 に示すように，通常の PON 方式の通信に使用される上下 4 波長（$\lambda_1, \lambda_2, \lambda_3, \lambda_4$）とは別に，point-to-point 接続専用の波長（$\lambda_5$）を追加し，異なるサービスを収容することが可能である．本オプションにより，データセンタネットワークやモバイルフロントホールといったような低遅延を要求するネットワークサービスを，同じ光ネットワーク上に経済的に多重化することが期待されている．

## 4.4　ケーブルアクセス

ケーブルテレビは，センタ装置からユーザ宅内まで同軸ケーブルをツリー上に接続し同報的にテレビ信号を配信する．ケーブルテレビでは，ツリー上に信号を分岐分配することに伴う信号レベルの低下を補償するため，下り方向増幅器が設置されている．ケーブルテレビは，下り方向のテレビ信号を配信する．これに対して，ケーブルアクセスでは，双方向の信号伝送が必要であるため，上り方向増幅器も設置する必要がある．

同一の同軸ケーブルによって上り伝送と下り伝送を行うため，テレビ配信に使用していない帯域をそれぞれの方向の伝送のための帯域に割り当てる．これ

らの帯域は，複数のユーザ端末によって共同使用される。

ケーブルアクセスの基本構成例を図 4.13 に示す．この例は，幹線系に光ファイバケーブルを用い，配線系には同軸ケーブルを用いている複合系（FC 系）の例である．

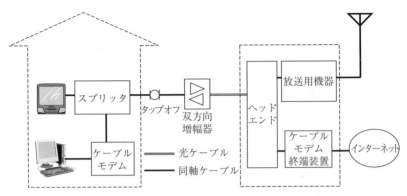

図 4.13　ケーブルアクセスの基本構成例

ケーブルモデムを用いたブロードバンドアクセスは，ケーブルテレビが普及している米国を中心に発展した．代表的な仕様には DOCSIS（data over cable service interface specification）がある[13]．

DOCSIS 1.0 は，下り方向は放送 1 チャネル分（6 MHz）の周波数帯域を用

---

**ダイヤルアップと常時接続**

インターネットアクセスには，電話モデムを使用し，インターネットアクセス番号にダイヤルして接続するダイヤルアップ接続（dial-up）と，ADSL, FTTH, ケーブルアクセスなどによる常時接続（always on）がある．

常時接続では「常時（ネットワーク層）コネクション」が張られているのではなく，常時アクセスが可能である状態をさす．ユーザから見て常時アクセスが可能であるように見えればよいので，必ずしも，常時，物理層，データリンク層，ネットワーク層が起動していなくても，ユーザがアクセスしたときに，ユーザが待たされていると感じなければ常時接続という場合もある．

専用線による接続が厳密な意味での常時接続の例である．

いて，最大 43 Mbps の通信速度を実現する。上り方向は，0.2〜3.2 MHz の周波数帯域を用いて，最大 10 Mbps の通信速度を実現する。

DOCSIS 1.1 では，IP 電話などに有効な QoS をサポートし，通信速度は DOCSIS 1.0 と同じ最大で下り通信速度 30 Mbps，上り 10 Mbps である。

DOCSIS 2.0 では，上りのデータの変調方式に S-CDMA と A-TDMA を採用し，上り方向の通信速度は下り方向と同じ 30 Mbps である。

DOCSIS 1.0 は，DOCSIS の最初の標準仕様（1997 年）であり，国内外で広く採用されている。後に ITU-T でも勧告化された（J.112 AnnexB）。

DOCSIS 1.1 は，DOCSIS 1.0 に改良を加え，QoS 機能の拡張が図られている。通信速度は，DOCSIS 1.0 と同じである。DOCSIS 1.0/1.1 は，ITU-T 勧告 J.112 としても規定されている[14]。また，下り信号については，ITU-T 勧告 J.83 にも規定されている。日本仕様は，J.83 Annex C として規定されている。DOCSIS 2.0 は，ITU-T 勧告 J.122 に規定されている[15]。日本仕様は，J.122 Annex J として規定されている。ケーブルアクセス方式 DOCSIS の概要を**表 4.2** に示す。

表 4.2　ケーブルアクセス方式 DOCSIS の概要

| 仕　様 | 最大伝送速度〔Mbps〕 | | 変調方式 | | 帯域幅〔MHz〕 | |
|---|---|---|---|---|---|---|
| | 下り | 上り | 下り | 上り | 下り | 上り |
| DOCSIS 1.0 | 42.89 | 10.24 | 64/256 QAM | QPSK/16 QAM | 3.2 | 6 |
| DOCSIS 1.1 | 42.89 | 10.24 | 64/256 QAM | QPSK/16 QAM | 3.2 | 6 |
| DOCSIS 2.0 | 42.89 | 30.72 | 64/256 QAM | QPSK/8/16/32/64/128 QAM | 6.4 | 6 |

〔注〕　QPSK：quadrature-phase shift keying, 四相位相偏移変調
　　　　QAM：quadrature amplitude modulation, 直交振幅変調

# 4.5　ISDN アクセス

〔1〕　ネットワークアクセスアーキテクチャ

サービス総合の基本概念は，電話ネットワークのディジタル化研究の過程

で，1970年代後半に日本から提案された。1984年にISDN基本仕様が完成した。

ISDNの基幹技術は，エンドツーエンドのディジタル1リンク接続と帯域外加入者線信号方式（outband signaling）である。これにより，64 kbpsおよび1次群速度以下の回線交換サービスとパケット交換サービスを，統合された一つのユーザ-ネットワークインタフェースで提供する。さらに，帯域外加入者線信号方式DSS1（digital subscriber signaling No. 1）によって，通信途中の付加的なマルチポイント接続追加，および，マルチポイント接続切断処理などの高度な呼制御を可能とする。

ISDN以前のネットワークでは，サービスごとに個別のユーザ-ネットワークインタフェースが必要であった。このようなネットワークを，サービス個別ネットワークと呼ぶ。それに対して，ISDNはディジタルによるサービス総合

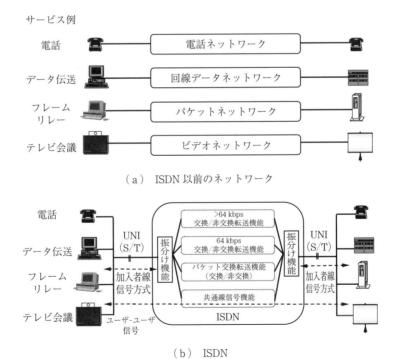

図4.14　ISDN以前とISDNのネットワークアクセスアーキテクチャ

80　　4.　アクセスネットワーク技術

**表 4.3**　ISDN の基本アクセスと 1.5 Mbps 1 次群アクセス

| | インタフェース速度〔kbps〕 | インタフェース構造 | 接続形態 | 注 |
|---|---|---|---|---|
| 基本アクセス | 192 | 2B + D | ポイント-ポイント受動バス接続 | D = 16 kbps |
| 1次群アクセス | 1 544 | 23B + D<br>4H_0/3H_0 + D<br>H_{11}<br>nB + mH_0 + D | ポイント-ポイント | D = 64 kbps |

〔注〕　B = 64 kbps, $H_0$ = 384 kbps, $H_{11}$ = 1 536 kbps

ネットワークである。ISDN 以前と ISDN のネットワークアクセスアーキテクチャを図 4.14 に示す。

〔2〕　ユーザ-ネットワークインタフェース

ユーザ-ネットワークインタフェースとしては，64 kbps の B チャネルが 2 本と信号用の 16 kbps の D チャネルが提供できる基本インタフェース（BRI, basic rate interface）と，伝送ハイアラーキの 1 次群に相当する速度を持つ，1 次群速度インタフェース（PRI：primary rate interface）の 2 種類がある。ISDN の基本アクセスと 1.5 Mbps 1 次群アクセスを表 4.3 に示す[16]。

ISDN 基本アクセスは，ADSL や FTTH が普及する以前は，一般家庭などでインターネットアクセスに用いられ，1 次群速度インタフェースは，企業の PBX やテレビ会議システム用として用いられている。

ISDN 基本インタフェースでは，情報転送速度が 64 kbps（B チャネル）＋64 kbps（B チャネル）＋16 kbps（D チャネル）であり，伝送フレームを付加したインタフェースの物理速度は 192 kbps である。

## 4.6　無線アクセス

無線通信の歴史は，1895 年にマルコーニがはじめて実験に成功してからその歴史が続く。当初は，電話の中継や，衛星を使った国際通信のようなアプリ

ケーションとして発達したが,近年は,携帯電話やWi-Fiによるインターネットアクセスといったラストワンマイル(アクセス技術)として大きく発展した。ここでは無線の基本原理と,そのアクセス技術としての無線技術にフォーカスして述べる。

〔1〕 符号化方式

まず理解するのは ASK (amplitude shift keying), FSK (frequency shift keying)である。図4.15を用いて,それぞれの方式を説明する。

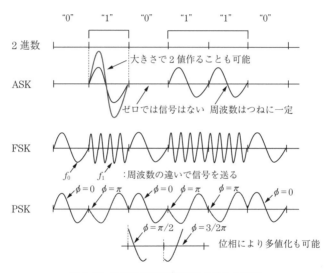

図4.15 2進数を変調の方法で伝える技術

2進数の元のデータは010110であるとしている ASK では,"1"のときだけ信号を送る。

信号がある場合"1"で,信号がない場合"0"である。事例では,2値を0と1であるが,信号の大きさをいくつか作り,00,01,10,11といった4値を送ることも可能である。FSKは,"0"のときは$f_0$の周波数の信号と"1"のときは$f_1$の周波数の信号を送ることによって"0"と"1"を送る方法である。周波数を二つ使ってしまう欠点がある。三つ目の方式はPSKである。信号は

位相を持っており，サインカーブで見ると，そのビットの始まりの位相に着目してほしい．図の例では"0"のときは，位相 $\phi = 0$ に対して"1"のときは $\phi = \pi$ だけシフトしている信号を送っている．このように信号の位相の捻出することで送ってきているビットを判定する方式である．図で位相 $\phi$ の例も示したように，位相を複数備えることにより"00""01""10""11"をそれぞれ $\phi = 0$, $\phi = \pi/1$, $\phi = \pi$, $\phi = 3/2\pi$ として，多値を送ることも可能である．このASKとPSKを組み合わせた方式を直交振幅変調（QAM : quadrature amplitude modulation）と呼び，図4.16に示した．

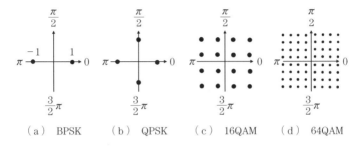

(a) BPSK　　(b) QPSK　　(c) 16QAM　　(d) 64QAM

図4.16　PSK方式とASK方式を組み合わせた信号方式

もともと，振幅（ASK）と位相は，独立に決めることができ，合計で16状態のものを16QAM，64状態のものを64QAMという．

〔2〕 OFDM通信

無線通信は限られた周波数リソースを効率的に利用する必要がある．周波数分割多重（FDMA : frequency division multiple access）では，周波数を変えて

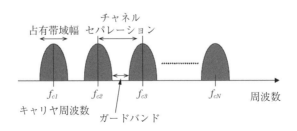

図4.17　FDMAの周波数の分布

多くのユーザの信号を伝送する。今後は，携帯電話等ユーザ数がきわめて多く，より効率が求められる。図4.17にFDMAの周波数の分布を示した。

1ユーザは，キャリヤ周波数$f_{ci}$上である信号の占有帯域を用い通信を行う。他のユーザとの間隔をチャネルセパレーション，占有帯域をガードバンドという。チャネル間の干渉を避けるために，十分なガードバンドが必要となる。この周波数を効率良く用いる方式としてOFDM (orthogonal frequency division multiplexing：直交周波数分割多重)方式がある。ここでは簡単に，その原理について述べていきたい。

1ユーザの信号を送る方法としては，シングルキャリヤ方式とマルチキャリヤ方式がある。図4.18に両方式のスペクトルを示した。

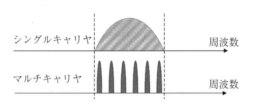

図4.18　シングルキャリヤとマルチキャリヤの周

シングルキャリヤは一つのキャリヤ周波数を用いるのに対し，マルチキャリヤでは複数のキャリヤ周波数を用いるが，一つひとつの占有帯域は狭い。また，各キャリヤ間は，ガードバンドが必要である。OFDMでは，このマルチキャリヤ変調のスペクトルをオーバラップさせ，実効的にガードバンドを削減する一方，オーバラップしてもおのおのの信号を分離できるものである。OFDMにおいては，オーバラップする信号に，直交符号を用いる。二つの信号があったとき，両信号の符号間の干渉がまったくなく，受信側でたがいを分離し，受信した際にたがいの干渉による誤り等が起こらない関係にある信号を直交の関係にある信号という。直交符号であるので，重なり合って伝送しても，それを分離することが可能であり，たがいに干渉がない。このことを利用して，OFDMでは図4.19のようにマルチキャリヤ間をオーバラップさせて伝

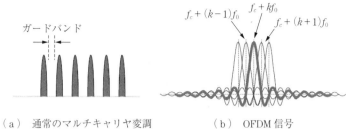

(a) 通常のマルチキャリヤ変調　　(b) OFDM信号

図 4.19　スペクトルの比較

送する。

　一つのキャリヤは $f_c$ を中心周波数として $f_0$ のスペースを空けて，周波数 ($f_c + kf_0$) の正弦波であり，他のキャリヤ周波数では大きさがゼロとなるように選択されている。ここでおのおののキャリヤは先に学んだ PSK と QAM 等で変調された信号を送る。

　シングルキャリヤとマルチキャリヤの特徴は，図 4.20 に示すようにビル等によるフェージングの影響への耐性の違いである。高速信号を伝達する際に問題となるフェージングによる波形劣化は，マルチキャリヤの場合，各サブキャリヤごとのレベルの変化が中心であり，容易に再生できるメリットがある。

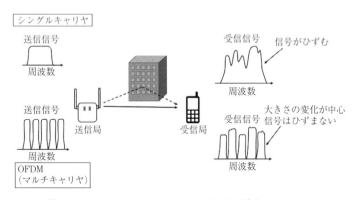

図 4.20　マルチキャリヤのフェージングに対するメリット

## 4.6 無線アクセス

〔3〕 MIMO 伝達技術

最近の無線通信技術を理解するうえでもう一つ重要な技術が MIMO (multiple-input and multiple-output) 伝達である。これは，無線 LAN でも積極的に採用しており，高速通信を可能としている。ここでは概要のみを説明することとする。MIMO には第一のユーザの高速通信伝達を対象とした SU-MIMO (single-user MIMO) と，おもに複数ユーザ間の信号のセパレーションを目的とした MU-MIMO (multi-user MIMO) がある。SU-MIMO は図 4.21 に示すように複数のアンテナ ($N_T$) を持つ送信局と複数のアンテナ ($N_R$) を持つ受信局間の通信である。

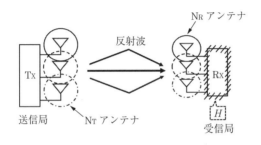

図 4.21 シングルユーザ MIMO (SU-MIMO)

SU-MIMO の目的は，空間ダイバーシチと空間多重化に分類される。空間ダイバーシチは各送信アンテナから同一の信号を送信することで，複数ある通信パスの中でフェージングの影響を受けても，他のパスの信号を基に，データを正確に受け取ることができる。一方，空間多重化は，各アンテナで異なる信号を逆行して送ることにより，信号帯域を向上させている。

MIMO のもう一つの使い方が指向性（ビームフォーミング）を行うことである。図 4.22 に MIMO による指向性通信を示した。

複数ある送信アンテナからの信号にウェイトを制御することにより，伝送路の状態（CSI：channel state information）がわかっていれば，特定のアンテナ（位置）に信号を送ることができる。図 4.22 の例では，$R_X$#1 のみに信号が行き，$R_X$#2 には行かない。このような手法により範囲の狭いユーザへ信号を送

86   4. アクセスネットワーク技術

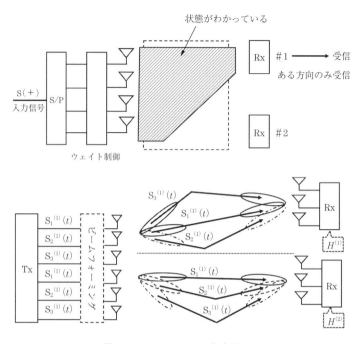

図4.22 MIMOによる指向性通信

る。従来はCSIは，受信側からのフィードバックで決まっていたが，最近はフィードバックをしないでも，推定できる手法が研究されている。

〔4〕通 信 セ ル

通信の周波数を有効に利用するために，無線通信では基地局から電波の届く範囲をセルと呼び，異なるセルでは基本的に同じ周波数を使って通信を行う。図4.23に大型セルと小型セルの無線ネットワークを示した。

セルとセルの間はきれいに分かれてなく，重なり合う。そのため，隣接したセル間では同じ周波数を用いることができないが，図(b)のように離れたセル間では同じ周波数を用いることができる。一方，携帯電話や自動車といった移動体の場合，セル（ゾーン）をまたいで通信を続けることがある。これをハンドオーバといい，セルを小さくすることにより多く発生してしまう欠点がある。実際のシステムでこのセルを設計するのはきわめて高度な技術を用いてい

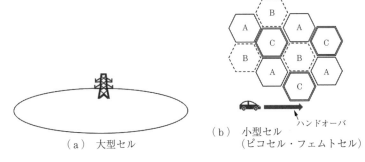

図 4.23 大型セルと小型セルの無線ネットワーク

る。セルを大きくすると，基地局の数を減らせ，ハンドオーバの回数も削減できる。一方，ユーザが数多く一つのゾーンに存在し，容量がパンクしてしまう。一方，ゾーンを小さくすると，基地局の数が増え，またゾーンとゾーンの間に穴がないようにしなくてはならず，ハンドオーバも難しいことがわかる。近年は先に述べたビームフォーミングを使って，特定の領域のみに，無線の電波を発信するなど，よりダイナミックにセルを使うこともしている。

## 4.7 携帯電話

携帯電話は 1968 年にポケットベルが登場し，その後 1985 年に登場したショルダーフォンや自動車電話がそのスタートである。いわゆる携帯電話は 1987 年にアナログ方式でスタートした。その後，ディジタル化され，より高速に，より小型化に進化を続けている。1996 年には PHS（portable handy system）が始まり，ショートメールがスタートし，普及に火が付いた。大きな進化は 1999 年にドコモから i-mode サービスとしてインターネット接続や，メールのサービスが始まり，2001 年には第 3 世代として発達した。2008 年にはいわゆるスマートフォンが発売され，同時にクラウドコンピューティング等のサービスの進化で，コミュニケーションのインフラストラクチャとして普及している。携帯電話の進化の歴史を図 4.24 にまとめた。

4. アクセスネットワーク技術

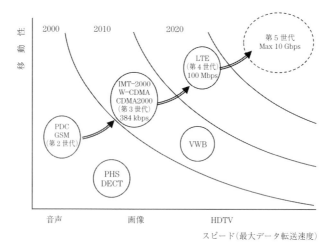

図 4.24　携帯電話の進化の歴史

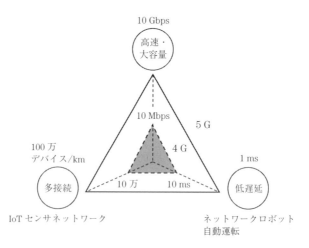

図 4.25　5G ネットワークのねらい

われわれが次世代で用いるのは 5G ネットワークであり，これは無線の技術とクラウドやエッジコンピューティングの技術との融合である。図 4.25 に 5G サービスのねらいを示す。

　5G では

- eMBB（enhanced mobile broadband）：超高速通信をモバイルで行う
- URLLC（ultra-reliable and low latency communications）：信頼性が高く，遅延時間を極限まで減らした通信
- mMTC（massive machine type communications）：超多数の端末との通信を行う

の，三つのキー技術をサポートする．それぞれを順に図 4.26 を用いながら説明する．

図 4.26　5G ネットワークによる新しい社会

　第一の eMBB はスマートフォンのような携帯サービスのみではなく，ラスト 1 マイルを無線にして，それを使って 8K のビデオや TV 配信をねらったサービスを作るものである．第 2 の URLLC は例えば，今後普及する自動運転はコネクテッドカーと呼ばれ，ネットワークから制御される．その際，ときどき通信が切れるといったことは許されておらず，またレスポンスに遅延があると，緊急時等に問題となる．特に M2M（machine to machine）通信で，他の車やセンサ等が捉えた信号で直接，車（machine）をコントロールすることを考えている．最後の mMTC は IoT である．例えば温度センサは 5 分に一度，温度情報をネットワークに上げる．このデータ量は少ないが今後は数多くのセンサがネットワークに接続される．これらのことが実現すると，図 4.26 のよ

**90    4. アクセスネットワーク技術**

うに安心・安全なスマート社会が実現することになる。これらのアプリケーションはシティ，工場，ヘルスケア，自動運転等，多岐にわたる。また，ネットワークの中では多くのデータ（ビッグデータ）が蓄積され，それらがさらに新しいサービスを作る。

# 物理レイヤと
# データリンクレイヤ

## 5.1 アナログ伝送とディジタル伝送

電話音声信号はベースバンド帯域幅が 300 Hz～3.4 kHz である。アナログ電話の場合，加入者宅内から収容されている電話局までは，ツイストペアケーブル（twisted pair cable）によるベースバンド伝送（基底帯域伝送）が広く用いられている。アナログ音声ベースバンド伝送では，使用するケーブルの導体径にもよるが，最大 7 km 程度の伝送が可能である。

これを超える距離では，ツイストペアケーブルよりも低損失のケーブルを用いる。同軸ケーブル，光ファイバケーブルなどである。これらの伝送媒体の伝送損失が低い帯域はベースバンドよりも高周波側にある。各種伝送媒体の伝送損失を図 5.1 に示す。

ベースバンド信号を，これらの伝送媒体に適した帯域の周波数へ変換する必要がある。この周波数変換を変調（modulation）という。

変調により，ベースバンド信号は伝送媒体に適した周波数帯を使用して伝送される。受信された信号は，元のベースバンド信号に再変換される。この周波数の再変換を復調（demodulation）という。

さらに，変調することにより高周波数領域で多重伝送が可能なことも変調の利点である。変調・復調はディジタル信号をアナログネットワークで転送するための変調・復調と同じ用語である（3.1 節参照）。アナログ変調の場合には，ベースバンドアナログ信号をより高い周波数のアナログ信号に変換するのに対

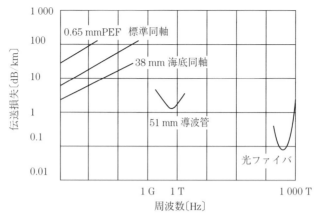

図5.1　各種伝送媒体の伝送損失

して，ディジタル信号のモデム伝送の変調は，ディジタル信号をアナログネットワークで伝送可能な低周波域のベースバンド帯域信号に変換する操作である。周波数帯域の変換であることには変わりがない。

　伝送距離が大きくなるに従って，伝送媒体の損失が増大し，信号成分が小さくなる。微弱化した信号を中継増幅器で増幅することにより，長距離の伝送を可能とする。しかし，アナログ伝送においては，中継増幅ごとに雑音成分も増幅され，かつ，中継増幅器そのものも雑音を発生するため，中継ごとに信号対雑音比（signal to noise ratio，SNR，SN比）が小さくなる。したがって，信号対雑音比が所要の値を満足しなくなるところで最大伝送距離は決まる。

　ディジタル伝送の特徴は，再生中継により原信号パルス列の再生が可能なことである。ディジタル伝送の品質に影響を与える要因としては，パルスの時間軸上の揺らぎ（ジッタ），熱雑音によるパルス判定誤りなどがある。これらの要因によって符号誤りが発生する。

　アナログ信号をディジタル信号に符号化してディジタル伝送する場合には，ディジタル信号に変換する際に量子化ひずみによる雑音が付加される。

## 5.2 伝 送 媒 体

〔1〕 ツイストペアケーブル

電話の加入者線に使用されているツイストペアケーブルは，絶縁体で被覆された1mm程度の径の銅線を，2本より合わせた対線である。日本の加入者宅と電話局との距離は95%値で7km，平均距離は約2kmである。この程度の距離であれば，電話の無中継ベースバンド伝送が可能である。簡便なことから広く用いられている。

〔2〕 同軸ケーブル

ツイストペアケーブルは，7km程度の加入者線の電話音声ベースバンド伝送には適するが，広帯域信号の伝送には伝送損失が大きいため加入者線伝送としては伝送可能距離が小さくなり適さない。中継伝送では多重信号伝送が一般的である。多重化信号は当然ベースバンド信号より高い周波数成分を持つ。高周波域まで伝送損失の低い同軸ケーブルが適する。

同軸ケーブルは，中心導体とそれを円筒状に取り巻く外部導体から構成され，高い周波数では，ツイストペアケーブルよりも伝送損失は小さい。長距離中継伝送用として光ファイバケーブルが導入される以前は同軸ケーブルが使用された。現在は，中継伝送用としては，光ファイバケーブルが主力である。

ケーブルテレビでは，同軸ケーブルが一般的に使用されている。近年，幹線系には光ファイバケーブル，配線系には同軸ケーブルが用いられている複合型（FC型：fiber coaxial）も増加している。

光ファイバケーブルと対比させて，ツイストペアケーブルと同軸ケーブルをまとめて金属ケーブル（metalic cable）という。

同軸ケーブルの構造例を図5.2に，ツイストペアケーブル，同軸ケーブル，光ファイバケーブルの各写真を図5.3に示す。

〔3〕 光ファイバケーブル

光ファイバケーブルは，複数の光ファイバ芯線を束ねて，添架やケーブル引

94　　5. 物理レイヤとデータリンクレイヤ

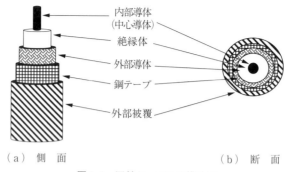

(a) 側　面　　　　　　　　　(b) 断　面

図5.2　同軸ケーブルの構造例

(a) ツイストペアケーブル　　(b) 同軸ケーブル　　(c) 光ファイバケーブル

図5.3　各媒体の写真

込みのための引張強度補強のためのテンションメンバと，外部からの破損を保護するための外部被覆によってケーブル化したものである。光ファイバ芯線は，光ファイバの保護のための1次被覆（通常は軟質プラスチック）と強度保持のための2次被覆（ポリアミドなど）からなる。光ファイバは，クラッドとコアから構成される。光ファイバ外径は髪の毛ほどの太さの125 μm であり，光信号はその中心の光屈折率が高いコア部分を伝播する。中継伝送用のシングルモードファイバではコア径は10 μm 程度である。光ファイバ芯線の径は0.9 mm 程度であり，可撓性に優れる。伝送帯域も同軸ケーブルに比較しても広帯域である。

　光ファイバケーブルと光ファイバ芯線の構造例を図5.4に示す。

　光ファイバケーブルの材料はシリカガラスである。銅を材料とする金属ケー

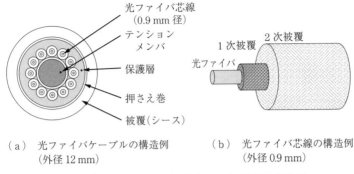

図5.4 光ファイバケーブルと光ファイバ芯線の構造例

ブルが電磁波や雷などの外来雑音の影響を受けやすいのに対して，光ファイバケーブルでは電磁誘導を受けないため，材料固有の伝送損失のみで伝送品質を設計できるという利点がある．さらに，銅ケーブルに比較して伝送損失が2桁程度以上低い．最低伝送損失は 0.1 dB/km 程度である．そのため，無中継伝送距離が大きくとれ，中間中継器数を少なくすることができる．

光ファイバの伝送損失例を図5.5に示す．

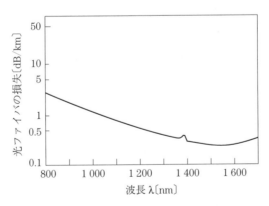

図5.5 光ファイバの伝送損失例

2012年には，NTTらで，マルチコアファイバを用いて1Pbpsを超える超高速伝送が実験レベルで達成され，実用的には40 Gbps伝送が可能である．さらに，波長多重によりTbpsクラスの伝送も実用化されている．波長は，光ファ

イバが低損失である赤外線領域の1.2～1.7μm帯が使用されている。

　光ファイバケーブルは，電磁誘導に耐性があるため，情報通信ネットワークの伝送媒体として以外にも，航空機や自動車内の制御信号伝送用としても広く用いられている。数十メートル以下の伝送距離が短い場合にはプラスチックファイバも使用される。

　つぎに，波長多重について説明する。無線では周波数という言葉を多く使うが，光通信では波長という言葉を使う。

　可視光には，青，緑，赤といった色があるが，これは異なる波長により色となっている。波長多重は，一つの光ファイバケーブルの中に複数の波長を入れて転送する。それぞれの波長ごとの信号は干渉することなく独立に転送されるため，その波長数分だけ多くの信号を送ることができる。

〔4〕　無　　　　線

　無線伝送は空間伝播が一般的である。導波管伝送は局内伝送やアンテナ周辺の接続には使用されるが，用途は限られている。無線伝送は，アンテナと送受信機が基本要素であり，途中の経路は無線であるため設置が容易である。マイクロウェーブによる固定無線通信としても，また，移動の容易性を生かした携帯電話のアクセス，無線LANアクセスなど用途が広い。

　無線による空間伝播の場合には，大気の減衰特性に適した周波数帯を用途に応じて使用する必要がある。使用可能な帯域は国ごとに規制されている。　日本の周波数帯別電波利用状況を図5.6に示す[1]。

　電波帯域の特徴と用途はつぎのとおりである。

　①　**中波**（MF，300kHz～3MHz）　　中波は電離層（E層）に反射して遠方まで伝わる。中波放送（AMラジオ放送），船舶通信などに使用されている。

　②　**短波**（HF，3～30MHz）　　短波は電離層（F層）と地表との反射を繰り返しながら地球の裏側まで伝わる。遠洋の船舶・航空機通信，国際短波放送，アマチュア無線，無線LANに使用されている。

　③　**超短波**（VHF，30～300MHz）　　超短波は山や建物の陰にもある程度回り込んで伝わる。VHFテレビ放送，FMラジオ放送，船舶・航空機通信，

## 5.2 伝送媒体

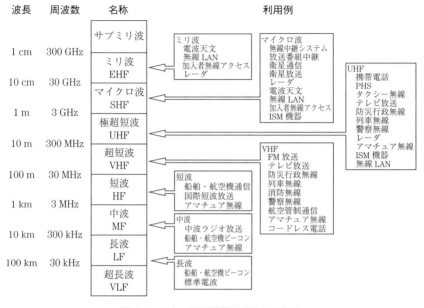

図 5.6　日本の周波数帯別電波利用状況

防災行政無線，無線 LAN などに使用されている．

④　**極超短波**（UHF，300 MHz～3 GHz）　極超短波は直進性があり，伝送情報量が大きく，小型のアンテナと送受信設備で通信できる．移動通信，UHF テレビ放送などに使用されている．

⑤　**マイクロ波**（SHF，3～30 GHz）　マイクロ波は極超短波よりもさらに直進性が強いため，特定方向に向けての用途に適している．伝送情報量は極超短波よりさらに大きい．電話局間中継回線，テレビ放送番組中継，衛星通信，衛星放送，レーダなどに使用されている．

⑥　**ミリ波**（EHF，30～300 GHz）　ミリ波は光と同様に強い直進性があり，雨や霧による減衰が大きい．比較的短距離の，映像伝送用の簡易無線，加入者系無線アクセス，各種レーダ，衛星通信などに用いられる．

中波よりも波長が長い電波（長波）は，情報伝送可能な容量が小さいため通信に利用されていない．ミリ波より波長が短いサブミリ波（300 GHz 以上）

も，水蒸気による減衰が大きいため，通信に利用されていない。長波の使用例としては電波時計の時刻校正用の時刻標準信号がある。

〔5〕 光 空 間 伝 送

光は電磁波であるから，光空間伝送は無線伝送と同義である。光空間伝送では，情報を光強度情報に変換する光強度変調を採用している。光空間伝播では，水蒸気などによる吸収があり，大気の減衰が少ない波長を用いる。光空間伝播は大気の状態に依存するため，ビル間通信などの短距離の用途に使用される。大気の透過率（晴天時）を図5.7に示す[2]。

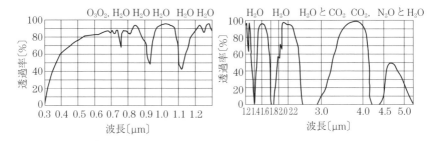

図5.7　大気の透過率（晴天時）[2]

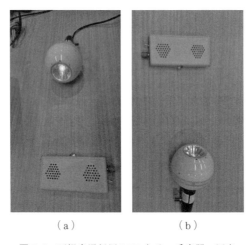

図5.8　可視光通信用LEDとその受光器の写真

また，新しい応用としては，開発が盛んになった可視光 LED（LD）を用いて，博物館や電車の車間通信，ダイバーの相互通信等，短距離の新しい可視光通信サービスが考えられる。

図 5.8 に可視光通信用 LED とその受光器の写真を示す。可視光通信は信号の存在が目で見えるため，信号があることがわかるうえ，無線のように盗聴される可能性が少なく，セキュリティが高いといわれている。

## 5.3 ディジタル変調

ディジタル信号伝送においても，使用する伝送媒体の伝送損失が低い周波数帯域を用いて，伝送するのが伝送距離の点で有利である。電気パルス列を直接伝送するベースバンド伝送では，低周波側まで帯域が延びている。そのため，例えば，同軸ケーブルなどのように高い周波数信号の伝送に適する伝送媒体をベースバンド伝送に用いるのは得策ではない。そのため，伝送媒体の特性に適した信号に変換する必要がある。この変換操作をディジタル変調という。

ディジタル変調の目的としては，伝送媒体の低損失帯域に適合した信号への変換，クロック情報が失われない符号変換，直流成分を抑圧する符号変換などがある。伝送符号の波形例を図 5.9 に示す。また，各種のディジタル伝送符号変換を表 5.1 に示す。

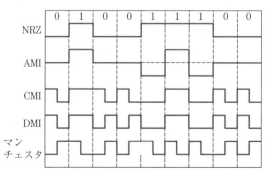

NRZ：non-return to zero　　　AMI：alternate mark inversion

図 5.9　伝送符号の波形例

## 100　5. 物理レイヤとデータリンクレイヤ

**表5.1　各種のディジタル伝送符号変換**

| 名　称 | | 符号変換則 | クロック周波数* | マーク率 | ゼロ連続 | BSI |
|---|---|---|---|---|---|---|
| スクランブル2値符号 | | 入力2値系列をM系列符号でスクランブル化 | $f$ | 1/2 | 長大な0連続を確率的に防止 | 統計的に確保 |
| バイフェーズ符号 | マンチェスター符号 | 1:「10」 0:「01」 | 2$f$ | 1/2 | ≦3 | あり |
| | CMI | 1:「00」と「11」を交互に送出 0:「10」 | | 1/2 | ≦2 | あり |
| | DMI | 1:「00」,「11」, 0:「10」,「01」スロット開始時点でマークとスペースを反転 | | 1/2 | ≦2 | あり |
| ブロック符号 | mBnB | $m$ビットの入力系列を$n$ビット符号に変換（$m<n$） | $nf/m$ | ～1/2 | ≦2$m$ | あり |
| パルス挿入符号 | PMSI | $m$ビットの入力系列ごとにマークまたはスペース，あるいはマークとスペースを交互に挿入 | $(m+1)f/m$ | ≧$(m+1)/m$ | ≦2$m+1$ | あり |
| | mB1P | $m$ビットの入力系列ごとに1ビットパリティを挿入 | | ≧$(m+1)/m$ | ≦2$m+1$ | あり |

〔注〕　＊　$f$は入力符号系列のクロック周波数　　CMI : coded mark inversion
　　　　M系列：最長系列　　　　　　　　　　　　DMI : differential mark inversion
　　　　BSI : bit sequence independency　　　　PMSI : periodic mark and space inversion

# 5.4　ディジタル中継伝送

　伝送媒体に送出されたパルスは伝送媒体の伝送損失により信号レベルが低下し，波形もひずむ，さらに妨害雑音が加わる。受信側では，受信パルス波形を正確に識別可能なように，適当な中継間隔ごとに再生中継器を設置する。パル

ス波形が雑音に埋もれてしまうと，波形を識別できないため，再生中継は，パルスの識別が可能な条件を満足する中継距離ごとにパルスを再生し，再び，伝送媒体へ送出する。多中継伝送では，この中継伝送を繰り返し，パルスを目的地まで伝送する。

再生中継器は，つぎの三つの基本機能を備える。

① **等化増幅**（reshaping）　損失を受け減衰してひずんだ受信パルス波形を，パルスの有無が識別できる程度まで整形増幅する機能。

② **識別再生**（regenerating）　等化増幅後の波形振幅と識別レベル（スレショルドレベル）を比較し，波形振幅が識別レベル以上の場合，パルスを発生させ送出する機能。

③ **タイミング再生**（retiming）　受信パルス符号列からクロック情報（パルス列の伝送速度）を抽出して，パルスのタイミングを補正再生する機能。

これらの基本機能の頭文字をとって 3R 機能と呼ぶ。再生中継器の基本構成を図 5.10 に示す。

伝送距離が短い場合など，これらの機能のすべてが必要でない場合には 2R 中継（等化増幅および識別再生のみ）が用いられる。

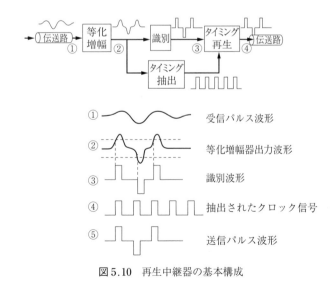

図 5.10　再生中継器の基本構成

*102*　　5. 物理レイヤとデータリンクレイヤ

2R中継は，信号対雑音比が一定以上確保されていれば，パルス列の再生が可能であるが，パルスのジッタ（時間軸上の雑音）は累積するため，原信号の時間情報誤差は中継ごと累積増大する。

3R中継はタイミング再生によってタイミングジッタも抑圧でき，原パルス列が再生できるため，エラーフリーの条件で長距離多中継伝送が原理的には可能である。再生パルス列の時間情報を原信号のそれに合わせるためには，原信号の正確な周波数が必要である。タイミング再生には，受信パルス列からタイミング情報を抽出して，パルスタイミングを再生するセルフリタイミングと，クロック情報を別の手段により配信し，そのクロック情報とパルス列の時間情報を同期化する同期伝送とがある。同期品質（ジッタ）は後者が優れる。

情報メディアによって許容される符号誤り率やジッタ量は異なる。音声信

表5.2　各種アプリケーションの特徴

| アプリケーション例 | 通信形態 | 転送情報量 | 保留時間 | 許容遅延時間 | 許容誤り率 | 情報メディア |
|---|---|---|---|---|---|---|
| 電話 | 双方向対話型 1対1 | 中〜大 | 数分〜 | 150〜400 ms 遅延変動に厳しい | 緩い | 音声 |
| インターネットラジオ | 片方向 1対$N$ | 中〜大 | 数分〜数時間 | 緩い 遅延変動に厳しい | 緩い | 音声・サウンド |
| ファクシミリ | 片方向 1対1 | 中 | 数分 | 端末性能による | 厳しい | 静止画 |
| 動画像配信 インターネットテレビ | 片方向 1対$N$ | 中〜大 | 数分〜数時間 | 緩い 遅延変動に厳しい | 厳しい | 動画 |
| テレビ会議 | 双方向対話型 $N$対$N$ | 中〜大 | 数分〜数時間 | 150〜400 ms 遅延変動に厳しい | 厳しい | 音声・動画 |
| 電子メール | 片方向 1対1, 1対$N$ | 小 | <秒 | 緩い | 厳しい | テキスト（文字） |
| トランザクション処理 | 双方向 1対1 | 小 | 〜秒 | 緩い | 最も厳しい | テキスト（文字） |
| ファイル転送 | 片方向 1対1 | 中〜大 | 秒〜時間 | 緩い | 厳しい | ディジタルデータ |

号，音楽などのオーディオ信号，動画信号などは，ストリーミング型情報と呼ばれる．これらの信号に対するジッタ要求条件はWeb検索や数値データ伝送に比べて厳しい．数値データ伝送においては，ジッタについては厳しい条件は課せられないが，データの正確度に対する要求条件は格段に厳しい．

各種アプリケーションの特徴を表5.2に示す．情報の正確性が最重要なアプリケーションにおいては，アプリケーション層で情報の正確さを確保することが必要である．

## 5.5 多重化方式

信号1チャネルごとに，ツイストペアなどの狭帯域伝送媒体を個別に使用すると，多数のユーザが利用するネットワークに必要なスペースも伝送コストも膨大になる．

個別の電話線によって配線していた1900年当時の架空電話線の様子を図5.11に示す（1900年の米国カンザス州Pratt市）[3]．

高速で通信可能な広帯域伝送媒体を用いて，多重化された信号を伝送する多重伝送がスペースとコストの低減に有効である．

図5.11　1900年当時の架空電話線の様子[3]

多重化方式には以下の方式がある。

・時間領域で多重化する時分割多重 TDM（time division multiplex）
・周波数領域で多重化する周波数分割多重 FDM（frequency division multiplex）
・空間領域で多重化する空間分割多重 SDM（space division multiplex）
・信号の時間軸を圧縮して時間領域で多重化する時間圧縮多重 TCM（time compression multiplex）
・符号領域で多重化する符号分割多重 CDM（code division multiplex）

さらに，周波数領域を高周波帯域と低周波数帯域に分け，それぞれの帯域を方向別に使用する周波数分割多重を特に双方向群別多重と呼ぶこともある。ADSL は，この言い方にならえば，双方向群別多重伝送でもある。各種多重化方式を図 5.12 に示す。

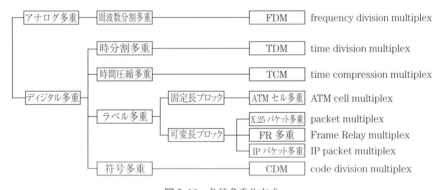

図 5.12　各種多重化方式

多重化とは一つの伝送媒体（例えば電線）に複数ユーザの信号をのせることをいう。一般的には図 5.13 のように台形の形で示される。このように多重化することにより少ないケーブルで多くのユーザの情報を効率的に送ることができる。

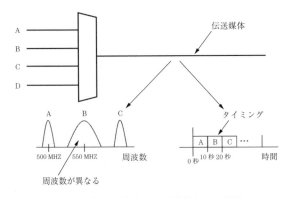

図 5.13　多重化方式と伝送媒体上での状態

## 5.6　ラベル多重方式と時間位置多重方式

　ディジタル信号の多重化方式をラベル多重方式と時間位置多重方式とに分類することもある。ラベル多重方式では，ヘッダとペイロードから構成される情報転送単位を転送する。この情報転送単位はインターネットではIPパケットあるいはIPデータグラムと呼ばれ，ATMではATMセルと呼ばれる。情報の発信元と宛先をヘッダ内に収容し，ペイロードにユーザデータを収容する。ヘッダは，オーバヘッドになる。ラベル多重方式は，時間位置多重方式に比較して，伝送効率では劣る。しかし，ペイロードサイズは必ずしも固定長でなくてもよいため，さまざまな速度の情報を多重化することが容易である。このため柔軟性の点で優れる。ただし，ペイロード長が可変であるため，一定間隔ごとにヘッダが出現することはない。
　ATMのヘッダサイズは5オクテット（40ビット），ペイロードサイズは48オクテットである。ATMセルサイズは固定であり，さまざまな帯域の信号転送は，ATMセルの送信密度を制御することにより実現する。多重化の観点からは，ATMセルは53オクテットごとにセルの境界が出現するため，ヘッダを識別するのは容易である。

これに比して，時間位置多重方式では，固定長タイムスロット位置をチャネル識別に使用するため，同一速度情報の多重化に適している。時間位置多重方式では，タイムスロット位置を識別するために，フレームを組み，そのフレームの先頭からの位置（スロット番号）によってチャネル識別を行う。ラベル多重方式と時間位置多重方式の原理を図5.14に示す。

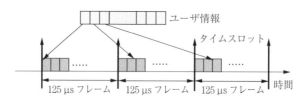

（a） 時間位置多重化方式（STM：synchronous transfer mode：同期転送モード）

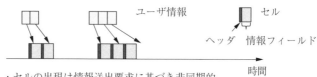

（b） ラベル多重方式（ATM：asynchronous transfer mode，非同期転送モード）

図5.14 ラベル多重方式と時間位置多重方式の原理

## 5.7 非同期多重方式と同期多重方式

多重化される複数の低次群信号（tributary）が非同期信号か同期信号かで，時分割多重化方式は，非同期多重方式と同期多重方式に分類される。

非同期多重方式は別名スタッフ多重方式（stuff multiplexing, justification multiplexing）とも呼ばれる。

たがいに非同期の低次群信号を $N$ 本多重化する場合に，高次群側は低次群

速度の $N$ 倍よりも高速で出力する．高次群側では，低次群信号を多重してなお余裕があるため，その余裕の速度分のビットを挿入する．複数の低次群信号は同期していないため，高速側に読み出される速度の $1/N$ との差が低次群信号ごとに異なる．異なる速度のつじつまを合わせるために挿入するビットをスタッフビット (stuff bit, つめものビット) と呼ぶ．低次群信号に分離するときには，スタッフビットを取り除いて $N$ 本の低次群信号を取り出す．このスタッフビットの挿入と除去のための制御信号を，伝送フレームのヘッダに収容して伝送する．

同期多重方式では，低次群速度は完全に同期しているため，$N$ 本の低次群信号を多重化する場合には速度のつじつま合わせは必要なく，スタッフビットは必要でない．

非同期多重方式と同期多重方式の原理を図5.15に示す．

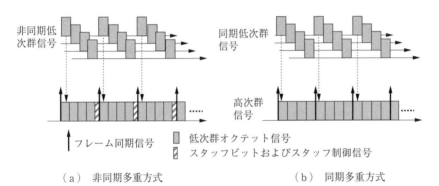

図5.15　非同期多重方式と同期多重方式の原理

## 5.8　ビット同期とオクテット同期

複数の低次群信号を多重化する場合の多重化の単位としては，1ビット単位で多重化するビット多重と8ビット（1オクテット）単位で多重化するオクテット多重がある．ビット多重とオクテット多重の原理を図5.16に示す．

108　5. 物理レイヤとデータリンクレイヤ

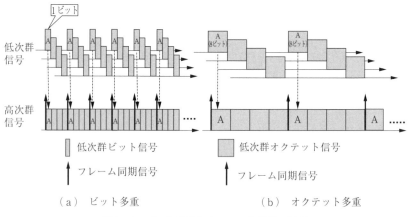

図 5.16　ビット多重とオクテット多重の原理

　ビット多重では低次群側のバッファメモリ容量（原理的には 1 ビット）がオクテット多重のバッファメモリ容量（原理的には 8 ビット）よりも少なくてすむ。しかし，ビット多重では低次群信号を高次群信号上で識別することが困難であり，オクテット多重では識別は容易である。

　時分割交換においては，タイムスロットを 1 オクテットとしているため，オクテット単位の識別と交換が高速ハイウェイ上で実現できる。フレーム同期信号の繰返し周波数が 8 kHz（フレーム間隔 125 μs）で 1 オクテットであれば，すなわち，64 kbps 単位の交換が高速ハイウェイ上で実現されることになる。

　スタッフ同期ではビット多重が，同期多重ではオクテット多重が一般的である。当然のことながら，オクテット多重においてはオクテット単位の同期が必要とされる。

---

**オクテットとバイト**
　最も基本的な用語の一つである 8 ビットを意味する「オクテット」は，おもに，通信技術分野で使用され，「バイト」はコンピュータ技術分野で使用される。
　「オクテット」は，ラテン語の 8 を意味する octo からの派生語である。1 オ

クテットは8ビットである。これに対して,「バイト」は,コンピュータの処理単位（ワード）が本来の意味であり,必ずしも8ビットを意味しない。

　初期のコンピュータでは,メモリが高価であり,現在のように32ビット単位/64ビット単位の処理は現実的でなかった。当初は,アルファベット,数字,演算記号を対象に8ビット（コード数256）単位で処理を行ったことがきっかけで1バイト=8ビットとなった。8ビット表現では$2^8=256$,0〜255を表現できる。

　2000年問題は,8ビット表現では4桁の年号表現ができなかったため,下2桁,すなわちコード数100で便宜的に表記したことがそもそもの発端である。しかし,9ビット以上を1バイトと定義するコンピュータも存在するため,通信分野ではオクテットが一般的に使用される。32ビットマシンは,本来のバイトの定義によれば,32ビット=1バイトで処理を行っていることになる。

　用語には,さらに,「OSI階層モデル」のように,コンピュータネットワークにおいて開発された概念が,テレコムネットワークやインターネットのレファレンスモデルとして使用されるなど,共通に使用されているものもある。

　「ネットワーク」という用語自体も,使用されるコンテキストに従ってさまざまな意味を持つ。例えば,ネットワークカード,あるいはネットワークインタフェースカードはネットワーク全般ではなくEthernetに特定して使用されることが多い。この場合の「ネットワーク」は,第2層（データリンク層）以下の機能をさし,ネットワーク層における「ネットワーク」は第3層を意味している。また別の例として,ATMネットワークカードがある。ATMネイティブサービスが普及しなかったため,あまり知られていないが,Windows2000のOSにはネットワークプロトコルの標準オプションとして準備されている。ちなみにATMネットワークカードがサポートするATMは第1層（物理層）に位置付けられている。

　さらに,日常では単に「ネット」は,「インターネット」をさすが,ネットワーキング分野ではそのような意味で使用することはまれである。


# 5.9　伝送ハイアラーキ

　ユーザ宅内から加入者交換機までは,メタリックツイストペアケーブルで接続されており,電話音声信号はベースバンド電気信号として伝送される。中継

110    5. 物理レイヤとデータリンクレイヤ

ネットワーク（コアネットワーク，トランクネットワーク，基幹ネットワークなどともいう）では，ベースバンド信号のままでチャネル単位で伝送するのは経済的でないため，複数のディジタル音声チャネルを時分割多重して伝送する。任意のチャネル数を多重化することは，経済的にも運用性の点でも得策ではないため，系列化して一定のルールで多重化する。この系列化し階層化した多重化階梯を伝送ハイアラーキと呼ぶ。

　ディジタル伝送ハイアラーキには，独立同期ディジタルハイアラーキ（PDH：plesiochronous digital hierarchy）と同期ディジタルハイアラーキ（SDH：synchronous digital hierarchy）がある。

　独立同期ディジタルハイアラーキでは，1次群あるいは2次群レベルのみが同期次群であり，それ以上の次群ではスタッフ同期によって多重する。

　同期次群では，多重インタフェース上でタイムスロットの識別が可能であるため，多重化したまま，64 kbps信号の挿抜が可能である。すなわち，独立同期ディジタルハイアラーキでは，1.5 Mbpsあるいは6.3 Mbpsのハイウェイ上で，64 kbps信号の識別と挿抜が可能である。

　同期ディジタルハイアラーキでは，すべての次群の多重化インタフェース上でタイムスロットの識別が可能である。すなわち，すべての次群の多重化インタフェース上で，64 kbps信号1チャネルごとの多重分離が可能であるため，独立同期伝送ハイアラーキよりも伝送効率は高い。

　同期ディジタルハイアラーキにおいては，高品質のクロックをネットワーク全体へ配送する必要がある。日本の同期ディジタルネットワークは東京にクロック主局を，大阪にクロック副局を配備し，信頼性を高めている。

　独立同期ディジタルハイアラーキと同期ディジタルハイアラーキを図5.17に示す。

## 5.9 伝送ハイアラーキ

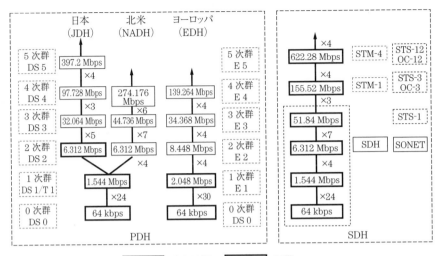

**図5.17** 独立同期ディジタルハイアラーキと同期ディジタルハイアラーキ

### ネットワーク透過性（その2）

ネットワークの透過性とは，ネットワークに送出された信号が加工されずにネットワーク内を転送され宛先まで受信されることである．その前提として，（1）物理層の透過性（ビット列の透過性），（2）データリンク層の透過性（フレームの透過性），（3）ネットワーク層の透過性（パケットの透過性），（4）アプリケーション層の透過性が確保されていなければならない．

物理層の透過性を BSI（bit sequence independency，ビット透過性）と呼ぶ．BSI とは，いかなるビット列でもネットワークは転送を保証することである．ディジタル中継器では BSI 確保のための機能が備えられている．

データリンク層の透過性は，通常そのデータリンクに接続されているノードには，必ずデータフレームは到達することであるとすると，MAC アドレスを使用してレイヤ 2 スイッチングを行う場合には，同報型のデータリンク層とならないためデータリンク層の透過性は失われている．

パケットの透過性はネットワーク層の透過性である．IP ネットワークの最大転送単位 MTU が考慮されなければならない．IP パケットの最大長は

65 535 オクテットである。これを超えるパケットは転送できない（表 8.1 参照）。また，イーサネットでは全パケット長は 1514 オクテットを超えてはならない。したがって，パケットサイズに制限を持たないという意味の透過性を持つネットワークは，パケットネットワークではなく，回線データネットワークである。

アプリケーションの透過性は，情報内容の透過性である。ファイアウォールやスパムメールフィルタなどは，望ましくない内容を持つ情報を駆除するためのものである。ユーザから見ればすべての情報を忠実に宛先に届けてほしいが，ネットワークから見れば攻撃パケットやウィルスなどの悪意ある情報は遮断したい。アプリケーションの透過性は善意のユーザを前提にしてしか成り立たない。一方，善意のユーザであっても，故意でない過誤によりネットワークや他のユーザに迷惑をかけないとも限らないため，透過性の何らかの制約は必要である。

ちなみに，BSI に似た用語に TSSI（time slot sequence integrity，タイムスロット順序完全性）がある。これは，例えば，64 kbps 回線を 2 回線使用して 128 kbps として使用する場合には，2 タイムスロットを占有する。このタイムスロットに順序付けをして，ネットワーク内で順序が保存される転送を TSSI が保証された転送という。例えば，128 kbps 中の 32 kbps を ADPCM 音声に使用し，96 kbps を画像伝送に使用する場合には，どちらのタイムスロットに音声が含まれているかを識別する必要がある。

# マルチアクセスと LANの技術

## 6.1 ペイロード，スループット，ネットワーク負荷率

〔1〕 ペイロードとトラヒック

　伝送路は，物理層のオーバヘッド（伝送フレーム）を必要とするため，伝送路速度のすべてを情報伝送のために用いることはできない。情報転送に使用できる最大容量をペイロードという。すなわち，ペイロードは，伝送路速度からオーバヘッドを差し引いた容量である。例えば，T1伝送方式の伝送路速度は，1.544 Mbpsであり，ペイロードは1.536 Mbps（24×64 kbps），伝送用オーバヘッドは8 kbpsである。

　トラヒック（トラヒック量 traffic volume）は，ネットワークに送出される情報の総容量，あるいは，場合によっては，総容量をネットワークの物理速度で正規化したものを意味する。後者は，ネットワーク負荷率ともいう。

　パケットネットワークに送出された情報は，パケットどうしの衝突，あるいは，パケットの混雑によるバッファあふれなどの要因によりネットワーク内で失われ，単位時間当りに，ネットワークが運ぶことができるトラヒック量は伝送路のペイロード速度を下回る。すなわち，パケットネットワークでは，伝送リンクのペイロード速度は，運ぶことができる情報伝送速度の上限を与えるが，単位時間当りに伝達できる最大情報容量そのものではない。

　ペイロードとトラヒック量は，通常「バイト」（もちろん「オクテット」の意味）で表現される。

114    6. マルチアクセスと LAN の技術

〔2〕 スループット

　スループットとは，ネットワークに単位時間内に送出されたパケットのう
ち，受信側に正常に到達したパケットの総量，すなわち，単位時間当りの実効
情報転送量をいう。すなわち，ペイロード速度からプロトコルのオーバヘッ
ド，バッファあふれによる処理遅延の変動などに起因する速度低下を差し引い
た実効通信速度を意味する。

　スループットの最大理論値は，伝送路のペイロード速度である。すなわち，
スループットが最大の状態とは，ネットワーク内でパケット衝突がゼロで，か
つ，伝送路のペイロードに，無駄なくパケットが連続して転送されている状態
をさす。すなわち，パケット列が隙間なく整然と連続してネットワークに流れ
込み，すべてのノードで，パケット列が隙間なく整然と連続してルーチングさ
れて，伝送路が 100% の時間率で利用されている状態である。これは，現実に

---

　　ペイロード

　バスによる乗客の運搬や，トラックによる荷物の配送を考えてみよう。乗客
や荷物は，運賃や運搬料の支払い（ペイ）が必要がある。輸送機関を運行する
立場で考えれば，運賃や運搬料によって収入を確保して輸送手段の安全な運用
を継続する。

　ペイロードとは，運搬料金が支払ってもらえる最大負荷量（ペイしてもらえ
るロード）である。バスの場合には最大乗客数（全席指定の場合には座席数），
トラックの場合には最大積載量である。

　バスやトラックがペイロード以外に運ぶ必要がある重量は，バスやトラック
の車体そのもの（自重）と運行に必要な運転手である。これらは，運賃収入を
直接もたらさないオーバヘッド重量であるが，なくて済ませられるわけではない。

　同様に，パケット通信においては，ユーザ情報を転送する部分をペイロード
といい，この部分の転送に対してユーザは，従量あるいは定額の通信料を支払
う。ペイロード以外のヘッダなどの部分はオーバヘッドであり，運転手や自動
車そのものに相当する（図 1.8 参照）。

　航空機の場合には，ペイロードは，離陸可能で航続距離を満足する最大旅客
重量（貨物重量），人工衛星を打ち上げるロケットの場合には，衛星軌道に打
ち上げ可能な最大重量である。

は発生しない状態である。高速道路で，すべての車両が隙間なく等速で流れ込み，等速で流れ出す状態を想像すればよい。

スループットは，もともとコンピュータの単位時間当りの処理能力のことであり，コンピュータが単位時間内に処理できる命令数を意味しているものが転じて使用されている。スループットは，伝送速度と同様に「ビット/秒（bps）」で表現される。

理論上の最大スループット，すなわち，ペイロード速度を1として正規化した量でスループットを表現することもある。もちろん，この表現によればスループットの単位は無次元である。

〔3〕 ネットワーク負荷率

ネットワーク負荷率とは，ネットワークに流れ込む単位時間当りのパケット総量を，ペイロード速度で正規化したものである。したがって，負荷率の単位は無次元である。

パケットの競合が発生するネットワークにおいては，負荷率が1に近付くと，ネットワークは混雑し，スループットは低下し，ネットワーク遅延は増大する。

## 6.2　共有メディアとマルチアクセス制御

一つの伝送メディア上で，一つの通信チャネルを提供する1対1接続を基本とするスター型ネットワークでは，伝送メディアと論理チャネルが1対1で完全に対応している。そのため，伝送メディアとの物理的な接続が保証されていれば，物理層とデータリンク層は1対1の情報転送に専念する。

一方，一つの伝送メディアを複数の端末が共通的に使用し，複数の端末どうしが通信するために，複数の論理チャネルを提供する共有メディア（shared media）も LAN などで広く使用されている。

チャネルタイプの観点から，前者は1対1型チャネルによる通信，後者を放送型チャネルによる通信という。放送型チャネルは，その名のとおり，すべて

の端末からチャネル上の同一信号にアクセスが可能である。

共有メディアに使用するネットワークトポロジー（以下，トポロジーと記す）としてバス型，リング型，ツリー型などがある。

スター型トポロジーと共有メディア型トポロジーの例を図6.1に示す。

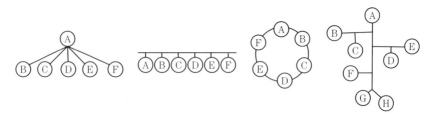

(a) スター型トポロジー　(b) バス型トポロジー　(c) リング型トポロジー　(d) ツリー型トポロジー

図6.1　スター型トポロジーと共有メディア型トポロジーの例

スター型トポロジーにおいては，一つの上位ノード（図6.1(a)のノードⒶ，例えば電話局交換機，あるいはISPサーバ）と複数の下位ノード（図6.1(a)のⒷ～Ⓔ，加入者端末あるいはクライアントPC）が，1対1で専用の配線ケーブルで物理的に接続されている。

共有メディア型トポロジーにおいては，トポロジーの観点からは，上位ノードと下位ノードの区別はない。バス上，リング上，ツリー上の信号は，放送形式ですべてのノードに配信される。したがって，特定のノード間で情報転送を可能として，その他のノードに情報転送しないためには，特定のノード間でのみ論理チャネルを設定し，その他のノードへの論理チャネルを設定しないアクセス制御が必要である。

このような論理チャネルを制御するためのオーバヘッドが必要であるにもかかわらず，共有メディア型ネットワークトポロジーが広く使用されているのは，つぎのような利点があるからである。

スター型トポロジーの総ケーブル長がノード数にほぼ比例するのに対して，共有メディアのトポロジーでは，総配線ケーブル長は短く，ノード数に比例しない。さらに，ノードの増設と除去やネットワーク規模の拡大と縮小に対し

## 6.2 共有メディアとマルチアクセス制御

て，柔軟性がある．

バス型トポロジー，ツリー型トポロジーでは，ネットワークを稼動させたままでノード増設（ホットプラグイン）が可能である．リング型トポロジーでも各ノードでノード間のリンクを終端しない場合には，同様にホットプラグインが可能である．

バス型トポロジーは，高層ビルなどのオフィスのフロアあるいは工場内などの配線に広く採用されている．

リング型トポロジーは，バックボーンネットワークや，ノードが面的に散在している WAN（wide area network），MAN（metropolitan area network）などに用いられる．

ツリー型トポロジーは，もともと片方向放送型配信に適しているため，ケーブルテレビネットワークで一般的に用いられている．ケーブルネットワークを双方向化したケーブルアクセスでも，既設ケーブルの有効利用の観点から，ツリー型が使用されている．

スター配線（個別メディア）とバス配線（共有メディア）の物理的な接続と情報の流れを図 6.2 に示す．

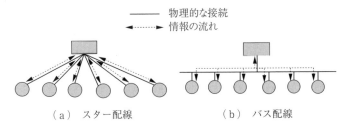

図 6.2 スター配線とバス配線の物理的な接続と情報の流れ

メディア共有型では，複数のノードが同時にメディアにアクセスし，パケットを送信した場合には，パケット衝突が発生し，通信が成功しない事態が生じる．したがって，複数のノードで調和的に通信が共存するためには，（1）パケットの同時送信は認めるが，パケット衝突が発生した場合に，速やかにパケット衝突解消のためのパケット送出およびパケット送出停止制御が各ノードに

**118**　　6.　マルチアクセスと LAN の技術

よって行われるか，あるいは（2）通信要求を持つノードに送信権（放送型チャネルへのアクセス権）を付与してパケットの競合による衝突を回避するか，のいずれかの方策が必要である。

　前者は対等な各ノード自身の制御による自律型の分散制御方式であり，後者は送信権を制御するセンタ制御装置（マスターノード）による集中制御方式である。

　ノードによる自律分散制御方式では，ノード数の増減に対しては柔軟性があるが，すべてのノードが同一の制御則に従う必要がある。すなわち，一部のノードの誤作動が全体に悪影響を及ぼしたり，一部のノードの意図的な制御則違反によりノードの公平性が失われたりする可能性もある。

　一方，ノードに送信権を付与する集中制御方式では，全体の調和とノードの公平性を確保することが容易である。

　携帯電話や，PHS では，セルあるいはマイクロセルごとに設置された基地局を，そのセル（マイクロセル）内に存在する複数の端末で共用する。この場合には，セル内の無線伝播路（すなわち空間）を複数の端末で共有するので，空間をバストポロジーで使用する形態と等価である。したがって，一つの基地局で複数の論理チャネルを制御設定し通信を可能とする必要がある。

　単一の伝送メディアを複数のノードで使用するための制御方式が，マルチアクセス制御方式である。主要マルチアクセス方式を図 6.3 に示す。

　チャネル割当てマルチアクセス制御方式には，チャネルをあらかじめ割り当てるプリアサイン方式と，通信要求が発生するたびにチャネルを動的に割り当てるオンデマンド方式とがある。

　前者は，制御が容易であるが，チャネルの使用効率は低い。後者は，制御が複雑であるが，チャネルの使用効率は高い。

　LAN では，マルチアクセスプロトコルはリンクレイヤ（第 2 層）の副層プロトコルの機能であり，メディアアクセス制御（media access control）プロトコル，略称 MAC プロトコルと呼ばれる。

　通信要求ノードは，まず伝送メディアにアクセスし，通信のための帯域（チ

## 6.2 共有メディアとマルチアクセス制御

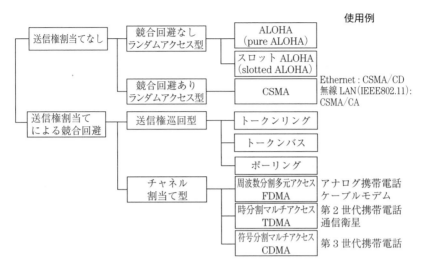

図 6.3 主要マルチアクセス方式

表 6.1 主要な LAN のメディアアクセス制御方式

| 方式 | トークンパッシング || FDDI | Ethernet |||| 無線 LAN |
|---|---|---|---|---|---|---|---|---|
| | トークンリング | トークンバス | | 10 BASE-X | 100 BASE-TX | 100 BASE-FX | 1000 BAS-X | |
| 仕様標準 | IEEE802.5 | IEEE802.4 | ANSI NCITS T12 | IEEE802.3 |||| IEEE802.11 |
| 物理トポロジー | リング スター型 | バス型 | 二重リング型 | バス型/スター型 | スター型 | スター型 | スター型 | ― |
| 伝送メディア | 同軸 UTP | 同軸 | 光ファイバ UTP | 同軸 UTP | UTP | 光ファイバ | STP 光ファイバ | ― |
| 最大伝送速度 | 4 Mbps/ 16 Mbps | 10 Mbps | 100 Mbps | 10 Mbps | 100 Mbps | 100 Mbps | 1 000 Mbps | 11 Mbps(b) 54 Mbps(a, g) |
| アクセス制御方式 | トークンパッシング・リング方式 | トークンパッシング・バス方式 | タイムド・トークン/アペンド・トークン | CSMA/CD |||| CSMA/CA |

〔注〕 UTP：非シールドツイストペア，STP：シールドツイストペア
　　　CSMA/CD：carrier sense multiple access with collision detection,
　　　　　　衝突検出型搬送波検知多重アクセス方式
　　　CSMA/CA：carrier sense multiple access with collision avoidance,
　　　　　　衝突回避型搬送波検知多重アクセス方式

120　　6.　マルチアクセスと LAN の技術

ャネル）を確保する。この確保された帯域は，回線型通信の回線に相当するた
め，仮想回線，論理回線，仮想チャネル，論理チャネルなどと呼ばれる。セッ
ション設定を伴うアプリケーションでは，セッションがこれに相当する。

　主要な LAN のメディアアクセス制御方式を**表 6.1** に示す。

　無線 LAN のアクセスポイントとエンドノード間では，空いているチャネル
を探索して確保する。携帯電話の基地局へのアクセスにおいても，そのエリア
内に存在する複数の携帯電話端末が同時にアクセスするため，チャネル割当て
制御が必要である。携帯電話による回線モードの通信でも，シグナリング回線
設定のためにアクセス制御が行われる。

## 6.3　ランダムアクセス型プロトコル

### 〔1〕　ALOHA 方式

　ALOHA 方式（p-ALOHA）では，共有メディアに接続されている他のノー
ド（あるいは端末，以下簡単のためノード）の信号が伝送メディア上に存在し
ているかどうかを考慮することなく，情報が発生したノードはただちにパケッ
トを送信する。

　パケット長は固定であり，パケット衝突が発生した場合には，すべてのノー
ドはその衝突を検知できるものとする。

　あるノードからの送信パケットが他のノードから送信された別のパケットと
衝突した場合には，ノードは確率 $p$ でそのパケットを再送する。残りの確率
$1-p$ で 1 パケット長の伝送時間待機して，同じ手順を繰り返す。

　自律分散制御の最も単純な形態であるが，他のノードからのパケットとの衝
突が不可避であり，理論的なスループットの最大値は伝送メディア速度の
18.4%，すなわち，最大スループットは 0.184 にとどまる。

　ALOHA 方式におけるパケット衝突を**図 6.4** に示す。

　ALOHA 方式では各通信ノードが任意のタイミングでパケットを送出する。
パケット衝突の際に，先行パケットの末尾と後続パケットの先頭で衝突が発生

## 6.3 ランダムアクセス型プロトコル

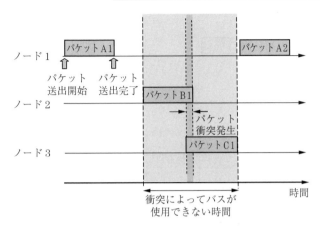

図 6.4 ALOHA 方式におけるパケット衝突

するのが最悪のケースであり，衝突のために最大で 2 パケット長の伝送時間だけ伝送メディアが使用できなくなる．

〔2〕 スロット ALOHA 方式

スロット ALOHA 方式（s-ALOHA）は，ALOHA 方式のスループット向上のために，時間軸上で全ノードに共通にタイムスロットを設定し，情報が発生した全ノードはつぎのタイムスロットまで待機し，つぎのタイムスロットの先頭に同期してパケット送出を開始する．

パケット送信が成功した場合には，すぐつぎのパケットを，つぎのタイムスロットの先頭位置のタイミングで送信を行う．

パケット衝突が発生した場合には，確率 $p$ で，その後の各タイムスロットの先頭位置でパケットを再送し，パケット転送に成功するまで繰り返す．

パケット衝突が発生しても，必ず衝突によって伝送メディアが使用できなくなる時間は，1 タイムスロットであるので，最大スループットは ALOHA 方式の 2 倍 (0.368) となる．

スロット ALOHA 方式におけるパケット衝突を図 6.5 に示す．

〔3〕 CSMA 方式

ALOHA 方式では，他のノードからのパケットの有無にかかわらずパケッ

## 6. マルチアクセスとLANの技術

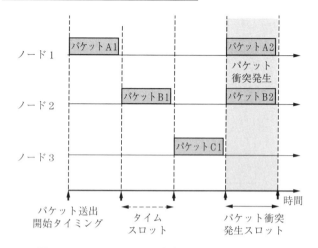

図 6.5　スロット ALOHA 方式におけるパケット衝突

トを送信し，その結果，衝突が発生してスループットの低下をきたした。

　スループット改善のために，送信のタイミングで伝送メディア上に他のノードからのパケット情報の有無を検知して，他ノードからの信号がすでに存在している場合には，その信号がメディア上で終了するまでパケット送信を待つ方式が搬送波検知多重アクセス方式（CSMA : carrier sense multiple access）である。

　衝突回避型搬送波検知多重アクセス方式（CSMA/CA : carrier sense multiple access with collision avoidance）は，IEEE 802.11b，IEEE 802.11g などの無線 LAN に用いられている。

　各ノードは衝突を検知できないため，メディアが一定時間以上空いていることを確認してからパケットを送出する。この待ち時間は，ノードごとにランダム設定して相異なる待合せ時間待機させることにより，複数のノードの同時アクセスによる衝突を回避（collision avoidance）している。

　衝突検出型搬送波検知多重アクセス方式（CSMA/CD : carrier sense multiple access with collision detection）は，イーサネットで使用されている。

　各ノードは，伝送メディアが他のノードにより使用中でないかを，まず，検出する（carrier sense）。使用中である場合には，他のノードの通信終了を待

ってパケットを送出する．各ノードは通信中もパケット衝突検出を行い，パケット衝突を検出するとただちにパケットの送出を停止する．

パケット衝突後のパケットはすべて無駄になるため，無駄なパケットによる伝送メディアの占有を避けることができる．ランダム時間経過後，パケットを再送信する．

CSMA においては，衝突検知してからパケット送信を開始するのに，パケット伝播遅延時間分だけ遅らせる必要がある．さもないとパケット検知の結果を知らないままパケット送信を開始する可能性があり，その結果，さらに，パケット衝突発生確率を高める可能性がある．

〔4〕 ランダムアクセス型プロトコルのスループット

ALOHA，スロット ALOHA および CSMA のスループットとネットワーク負荷の関係を図 6.6 に示す．ここで，CSMA は伝播遅延時間がゼロの条件の理論値である．

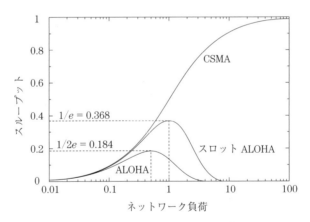

図 6.6 ALOHA，スロット ALOHA および CSMA の
スループットとネットワーク負荷の関係

ALOHA，スロット ALOHA 方式では，ネットワーク負荷がゼロから増大するとともにスループットは大きくなるが，ネットワーク負荷がある値以上になると，パケット衝突確率がパケット転送成功確率より大きくなる．ネットワーク負荷がある値以上になると，つねに衝突が発生するためスループットはゼ

**124**    6. マルチアクセスと LAN の技術

ロになる。したがって，スループットが最大になる最適なネットワーク負荷が
存在する。

ALOHA では，ネットワーク負荷が 0.5 で最大スループット 0.184，スロッ
ト ALOHA では，ネットワーク負荷が 1 において最大スループット 0.368 に
なる。

## 6.4 送信権巡回型プロトコル

### 〔1〕 トークンパッシング方式

ALOHA と CSMA では，ネットワーク上で複数のパケット転送が同時に行
われることが許されているのがパケット衝突の原因である。

衝突をなくす手段として，ある時点のネットワーク上では単一のパケット転
送のみを行う方式が考えられる。この代表的なものに，トークンパッシング方
式とポーリング方式がある。

トークンとは，元の意味は，鉄道の単線区間において，一閉塞区間内に一列
車しか運転を許さないために，列車に携帯させる運転許可証票のことである。

トークン交換による運転許可の仕組みを図 6.7 に示す。手順はつぎのとおり
である。

閉塞区間の両端の駅を A, B とする。

手順 ①：トークンが一方の端駅 A にあり，列車 1 が駅 A に到着する。

手順 ②：列車 1 はこのトークンを受け取り，閉塞区間を進行する。

手順 ③：駅 B に到着後駅 B でトークンを返却する。逆方向の列車 2 は，列
　　　　車 1 の駅 A 到着よりも先に駅 B に到着していても，トークンが到着する
　　　　まで待機する。駅 B にトークンが返却されるとトークンを受け取る。

手順 ④：列車 2 は閉塞区間を進行する。

手順 ⑤：列車 2 は駅 A に到着すると，駅 A でトークンを返却する。

この閉塞区間はトークンを持つ列車のみが通行を許されるので，同時に 2 列
車が通行することはない。その結果，衝突が避けられることになる。トークン

6.4 送信権巡回型プロトコル　　125

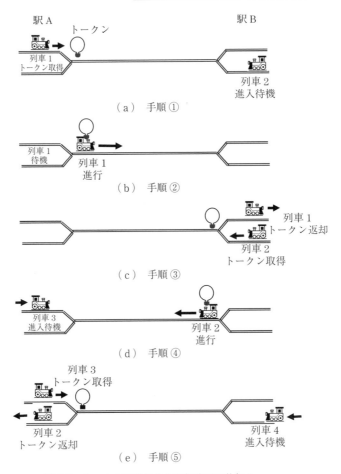

図 6.7　トークン交換による運転許可の仕組み

は必ず存在し，かつ，同時には一つしか存在しないことが安全運行上必須である。

　この「トークン」と呼ばれるパケットがネットワーク上を巡回し，トークンパケットを受け取ったノード，すなわち，「送信権」を持つノードのみがその時点でパケット送信を許される方式がトークンパッシング方式である。リングネットワークにトークンパッシング方式を適用する場合をトークンリング，バスネットワークに適用する場合にトークンバスと呼ぶ。

## 6. マルチアクセスとLANの技術

リング型ネットワークは一定方向にデータが巡回転送される。各ノードは上流のノードからデータを受け取り，下流のノードにデータを送り出す。すべてのノードが通信を行っていないときは，トークンパケットはリングの中を巡回している。すなわち，各ノードは，トークンパケットを受け取ると，送信データがなければ，ただちにそれを隣のノードへ渡す。つまり，再生中継する。

トークンリング方式の手順を図6.8に示す。手順はつぎのとおりである。

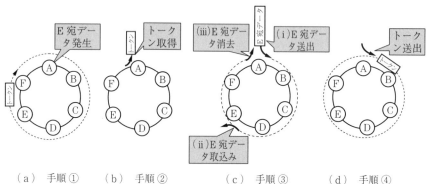

（a）手順①　　（b）手順②　　（c）手順③　　（d）手順④

図6.8　トークンリング方式の手順

手順①：あるノード（ここではノードA）が相手ノード（ここではノードE）にデータを転送したい場合には，トークンパケットがノードAに到着するのを待つ。

手順②：トークンが到着するとノードAはトークンパケットを取り込む。

---

**トークン**

トークンは鉄道の単線区間の運行許可証を意味し，タブレット（通行票，通票）とも呼ばれている。

列車の単線区間の通過駅での通票受渡しは，運行管理のために広く行われていた。通票受渡しは列車を停車させて行うのが原則であったが，急行や特急が走行しながら受け渡す通過授受も行われていた。

日本のJRでは，1997年因美線智頭-東津山の急行「砂丘」を最後に廃止された。現在でも，英国，オーストラリアなどの地方路線で行われている。

手順③：転送したいデータをリング上に送出し，ノードEが受信する。データが消去されない場合には，ノードAで巡回してきたデータを消去する。

手順④：データの転送が完了すると保持していたトークンパケットをつぎのノードに送出する。

トークンバス方式では，ノードをバス上に接続しトークンパケットを巡回させる。トークンバス方式の手順を図6.9に示す。

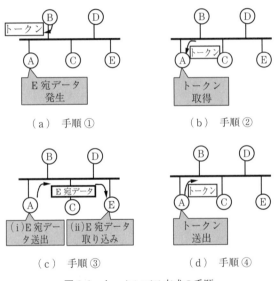

図6.9 トークンバス方式の手順

トークンバス方式は，物理トポロジーはバス型であるが，トークンパケットの受け渡しはノードを巡回する。すなわち，論理トポロジーはリング型である。図6.10にトークンバス上のトークンパケットの物理的な流れと論理的な流れを示す。

トークンパケットを持っているノードは，返答要求データを送ることによって，トークンパケットを後続ノードへ引き渡すこともできる。

各ノードは，トークンパケットを送信した後に，後続ノードがそれを受け取り，作動を始めたことを確かめることが可能である。例えば，有効なパケット

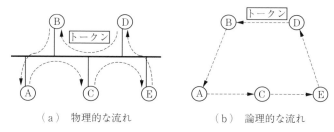

(a) 物理的な流れ　　　　(b) 論理的な流れ

図6.10　トークンバス上のトークンパケットの
物理的な流れと論理的な流れ

を検出し，送出したトークンパケットに対して適切なものと判定すると，送信ノードは後続ノードがトークンパケットを受け取って送信を行っているものとみなす。あるいは，有効なパケットを一定時間以上検出できなかった場合には，送信ノードは新しい後続ノードを決めることによって，障害を迂回する手段とすることも可能である。

トークンパッシング方式はマスターノードを必要としない高効率の分散制御であるが，トークンパケットが重複して存在するか，あるいは，トークンパケットが紛失すると機能しなくなるため，トークンパケットの信頼性を確保する必要がある。

〔2〕ポーリング

ポーリング方式では，ノードの一つをマスターノードとする必要がある。マスターノードは，他のノード（スレーブノード）に均等にポーリングを行う。ポーリングとは，パケット送信要求の有無を問い合わせることである。

マスターノードは，あるノードが送信要求を持つことを検知すると，一定数のパケットの送信許可を与える。このパケット送信が終了すると，マスターノードはつぎのスレーブノードにポーリングを行う。

マスターノードは，常時伝送メディア上のパケット信号を監視し，パケット送信と終了を検知する。

ポーリング方式は，実際には，ポーリングに時間がかかるため効率が制限される。さらに，送信要求のないノードにもポーリングするため，スレーブノードの送信要求に極端なアンバランスがあると，全体の効率が低下する。

## 6.5 チャネル割当て型プロトコル

　衝突を回避する最も単純な方法は，各ノードに専用のチャネルを割り当てる方法である。事前に割り当てる方式（プリアサイン方式）と通信要求が発生するたびに動的に割り当てる方式（オンデマンド方式）がある。

　プリアサイン方式は，制御が簡単であるが割当て帯域は固定であり，ノード数が多い場合には，ノード当りの帯域は小さくなるため，ノード数に制約がある。

　オンデマンド方式は制御が複雑であるが，帯域の有効利用の点からはプリアサイン方式よりも優れる。

　チャネル割当て型プロトコルには，異なる周波数をノードに割り当てる周波数分割マルチアクセス（FDMA : frequency division multiple access），異なる時間スロットをノードに割り当てる時分割マルチアクセス（TDMA : time division multiple access）と，拡散信号をノードに割り当てる符号分割マルチアクセス（CDMA : code division multiple access）がある。

　FDMA と TDMA は，当然のことながら，同じ周波数，あるいは，同じ時間スロットを複数のチャネルで共有することはできない。すなわち，複数のノードで共有することはできない。

　符号分割マルチアクセスでは，これらと異なり，異なる拡散信号をノードに割り当て，各ノードはそれぞれ割り当てられた拡散信号により送信データを拡散し，送信する。各ノードは同じ周波数，同じ時間を共有することができる。受信信号は，送信信号と同じ拡散信号を用いて逆拡散することにより，元の送信データを復元できる。

　動的チャネル割当て型プロトコルは，ランダムアクセス型プロトコルや送信権巡回型プロトコルに比較して，制御が複雑なため LAN や小規模のネットワークよりは，携帯電話などの公衆ネットワークで使用されている。

# 電話のネットワークと技術

## 7.1 番号とハイアラーキ

電話番号は，発信端末と着信端末の端末識別に用いられている。電話番号は，加入者線と端末との物理的インタフェースに付与されるため，国番号，市外番号，市内番号などは，地理的条件に沿った番号体系が定められている。電話番号の構成と機能を図7.1に示す。

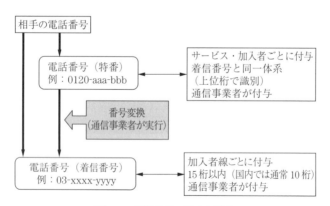

図7.1 電話番号の構成と機能

国際番号計画を図7.2に示す[1]。国際番号計画は，国番号，国内業者番号，加入者番号から構成され，最大桁数は国番号を含めて15桁である。加入者番号は，市外番号，市内番号，個々の加入者に個別に付与される番号からなる。

実際に，国際電話番号をダイヤルする場合には，国際番号の前に，国ごと，

## 7.1 番号とハイアラーキ

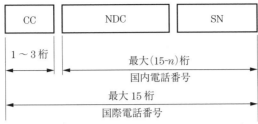

図7.2 国際番号計画（出典：Figure 1/Rec.E.164）

国際キャリヤごとに定める国際電話アクセス番号をダイヤルし，その後，国番号以下をダイヤルする．市外番号で「0AB～J」とプレフィックス「0」を使用しているため，国際電話アクセス番号は，「00AB」のように「00」をプレフィックスとする番号を採用することが多い．

国番号は，国際電気通信連合（ITU-T）によって管理されている．国あるいは地域に対して，一つの国番号が定められている．例えば，日本の国番号は「81」，米国の国番号は「1」，英国は「44」，ブラジル「55」などである．1国あるいは1地域に対して1番号の付与が原則である．例外として，米国とカナダは，当初ベルシステムにより電話サービスを提供していたため，同一国番号「1」を使用して現在に至っている．

国内事業者番号は，国内通信事業者が複数ある国において，事業者を指定して通話する場合に使用することができる．

加入者番号は，市外局番，市内局番，加入者番号から構成される．市外局番は，行政区画を基本として番号が割り振られている．東京「03」，大阪「06」，京都「075」，名古屋「052」，などである．

日本の全国番号計画を図7.3に示す[2]．

日本の番号計画では，最大13桁まで電話加入者番号に割り当てることができる．すなわち，理論的には1兆加入者が最大収容数であるが，実際には，市外局番と市内局番に固定的に割り振られる番号による制約と，緊急通報などの

132　7. 電話のネットワークと技術

図7.3　日本の全国番号計画

特別用途の番号を除くと，実際の収容可能加入者数はこれよりも少ない．東京，大阪などでは市内局番4桁＋加入者番号4桁であり，数千万加入の収容が可能である．また，加入者数の分布は時の経過とともに変化する．番号を割り振った時点より人口が大幅に増大した地域では収容可能数が足りなくなり，市外局番の桁数を増やすなどの措置がとられる．

この番号計画に含まれないものとして，国際電話アクセス番号，緊急通報番号，フリーダイヤルサービスなどの付加サービスアクセス番号，携帯電話番号，IP電話番号などがある．

## 7.2　静的経路制御と動的経路制御

ネットワーク層の主要な機能は，ネットワークに接続されている発信端末から通信したい宛先端末まで，情報を伝達することである．そのための経路を選択することをルーチング，あるいは経路制御と呼ぶ．

経路制御には，静的経路制御と動的経路制御がある。静的経路制御ではトラヒックの状況やネットワークの状況に従って，あらかじめ決められた経路選択ルールあるいは経路制御表（ルーチングテーブル）に従って，通信情報は転送される。動的経路制御では，トラヒックの状況やネットワークの状況の時間的な変化に適応して，経路制御ルールあるいは経路制御表を動的に変更する。

静的経路制御は，あらかじめ決められたルールに従って経路選択を行うために，経路制御表の作成はオフラインで手動で設定する。

動的経路制御は，トラヒックの状況やネットワークの状況をリアルタイムで把握し，その結果に応じて，定期的に経路制御表を更新する。そのためには，インターネットの場合には，ルータ自身が経路制御に関する情報を相互に交換して，状態に適した経路制御表を作成する必要がある。経路制御表の更新間隔が短いと，経路制御表更新のためのデータのやりとりがネットワークトラヒックを増大させる。更新間隔が長いと，経路制御表はトラヒックやネットワークの状態の変化に追随できない。この両面からみて，バランスの取れた適切な更新間隔の設定が必要である。

ネットワークそのものは，ユーザ数や通信需要の増大に応じて，絶え間なく増設を繰り返す。そのたびに経路制御表を書き換える必要が生じる。静的経路制御では，手動でそのたびに設定し直す必要があるため，大規模なネットワークでは手間が煩雑になる。

動的経路制御によれば，ルータどうしで新規ルータを発見し，経路制御プロトコルに従って経路制御表を更新することが可能なため，増設への対応は容易であるが，同一の経路制御プロトコルをすべてのルータが処理可能でなければならない。

## 7.3 電話ネットワークの経路制御

回線交換ネットワークである電話ネットワークでは，通常は静的経路制御が用いられる。経路を構成するリンクなどが故障して使用できなくなった場合に

は，プロテクションスイッチにより自動的にリンク，あるいは，パスを切り替える。リンクあるいはパスの切替えにより一般的には通信中の呼は切断される。

電話ネットワークにおいても，動的経路制御が使用されることもある。例えば，米国では，東海岸と西海岸では4時間の時差がある。したがって，トラヒックのピークも4時間の差があり，トラヒックピークの発生する時間が時間経過とともに，東海岸から西海岸に向けて移動する。そのため，東海岸で午前のトラヒックピークが発生しているときには，西海岸ではまだ夜明け前であり，トラヒックはきわめて低い。したがって，東海岸のトラヒックを運ぶのに，西海岸まで迂回させて，西海岸経由で経路制御を行うと，東海岸のネットワーク負荷を減らすことができ，ネットワーク資源を節減できることになる。

電話ネットワークの経路制御の代表的なものに，遠近回転法（far to near rotation）がある[2]。遠近回転法とは，迂回中継を行う場合，経路の選択は基幹回線系（発着信局間の最終的な経路）に沿ってみたとき，最も遠い局への斜め回線を第1順路とし，基幹回線の方向に順に選択する規則のことである。例えば，図7.4の遠近回転法による経路選択は，つぎの手順で行われる。

迂回経路は対地に対してリンク数が少ない順（すなわち局としては遠い順番）で，①→②→③→④の順に選択される。基幹回線と斜め回線が選択可能な場合，斜め回線の選択を優先する。回線設計は，オフラインで，適当な期間（例えば数箇月）をおいてトラヒック状況の変化に応じて行う。

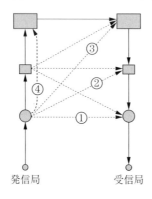

図7.4 遠近回転法

## 7.4 電話交換の原理

電話の通信は，コネクションを張って行う．通信は，時分割多重という方式で行われている．図7.5は，3章で説明したアナログ信号を標本化（サンプリング）して，量子化（ディジタル信号に直す）して，1010…といった符号化したものである．

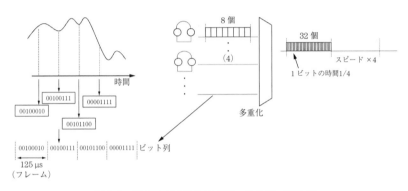

図7.5 アナログ信号の標本化，量子化，符号化

電話は，64 Kbps（1秒間に64 Kbitの信号）であるので，125 μsごとに8 bitでサンプリングしている．1本の線で，多くのユーザの信号を運ぶために，時分割多重を行う．同様に図7.5に示したのは，4ユーザの信号を1本の伝送路に時分割多重化したもので，伝送路のスピードを4倍に高速化している．例では，バイト多重と呼ばれ，8 bitごとに，第1ユーザ，第2ユーザ，…，第4ユーザと順に多重化している．一方，ビット多重では，1 bitごとに第1, 2, 3, 4ユーザの信号をインタリーブさせることをいう．このように，多くのユーザを多重化すればするほど，高速の伝送路が必要となる．言い換えれば，高速伝送路により，多くのユーザの信号を1本の伝送路に運ぶことができる．

電話交換の原理を述べる．図7.6は，時間スイッチによるユーザ#0とユーザ#3との通話の例である．伝送路に多重化回路により時分割多重された伝送路は，入力方路の順に（ABCD）と多重化される．時間スイッチでは，（ABCD）

## 7. 電話のネットワークと技術

図 7.6　時間スイッチによる #0 と #3 の通話例

の時間順路を（BCAD）と変換したとする（時間スイッチの動作は後述する）。変換された BCAD は，分離回路では，それぞれ順に #0, #1, … と分離するので，#0 は B, #1 は C, #2 は A, #3 は D と転送される。多重分離回路は，シーケンシャルに，固定的に多重，もしくは分離される。このような時間スイッチで時間順序を変更すると，任意の出力に接続できることがわかる。

図 7.7 に，時間スイッチの原理を示した。入力データ（ABCD）をシーケンシャルカウンタの指示するような順序に，データバッファメモリに書き込む。

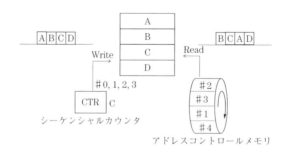

図 7.7　時間スイッチの原理

一方，読出しは，アドレスコントロールメモリーの指示に基づき，データバッファメモリのアドレス #2, #3, #1, #4 の順に読む。その結果，出力ポートでは，（BCAD）と時間順序が変わった（変換された）。これをタイムスロット変換と呼ぶ。

## 7.5 輻輳制御機能

　企画型イベントや災害などで，呼が集中発生した場合や中継用の伝送路が切断された場合に，交換機が処理可能なトラヒックを超えるトラヒックが発生し，輻輳が生じることがある。また，ある交換機が輻輳すると，輻輳交換機と対向接続している交換機にも影響を与える。輻輳している交換機向けの呼の待ち時間が長くなり，呼の渋滞が起こり，対向接続している周辺の交換機も輻輳に陥る。周辺の交換機に輻輳が波及し，ネットワーク機能に重大な支障が発生する危険性がある。このような状態を回避するために，異常に大きなトラヒックが発生すると，接続を抑制し，ネットワーク全体への影響を抑える。これを，輻輳制御という。輻輳制御機能例を**表**7.1に示す。

**表**7.1　輻輳制御機能例

| 機　能 | 内　　容 |
|---|---|
| 発信規制 | 多くの呼が発生し，交換機が処理できる限界を大幅に超えると正常な交換が行われなくなるため，通話の確保が必要な端末（例えば公衆電話）を除いて発信呼を受け付けない規制 |
| 入呼規制 | 他交換機から入呼が交換機が処理できる限界を大幅に超えると入呼の待ち合わせが多くなり正常な交換が行われなくなるため，他交換機から入呼を受け付けない規制 |
| 出接続規制 | ある地域/特定の利用者への呼が集中し，輻輳が発生することが他の地域/利用者への呼に影響を与える場合，ネットワーク全体に輻輳が波及することを防ぐためにその地域/利用者への呼を規制 |

　インターネットはトラヒック制御機能を備えていない。そのためIP電話では，このような輻輳制御はサポートされていない。

# インターネットのネットワーク層プロトコル

## 8.1 インターネット

〔1〕 インターネットプロトコルバージョン4（IPv4）

インターネットでは通信に先立って回線（コネクション）を設定しないため，ストリーム（電話ネットワークにおける「呼」に相当）における個々のパケット，あるいは，データグラムの転送ごとにネットワーク層の機能が必要である。

現在，広く用いられているインターネットのネットワーク層プロトコルIPv4 の基本機能はつぎのとおりである[1]。

① 端末・ホストの識別（IPアドレス）　インターネットではデータグラムによる転送が基本であるため，発信端末（あるいはホスト，以下端末とする）から着信端末まで，すべてのパケットを正確に転送するための，発信端末と着信端末の識別情報が経路制御に必要である。この識別情報を，発信元・宛先端末のネットワーク上の住所（アドレス）という意味でIPアドレスという。

電話ネットワークでは，ユーザ端末の識別情報（ネットワーク上の住所）は電話番号である。

IPv4（インターネットプロトコルバージョン4）では，IPアドレス長は32ビットである。

② 経路制御　インターネットは，多くのネットワーク（AS：autonomous system，自律システム）の集合体である。個別のネットワーク（AS）

8.1 インターネット　　*139*

どうしは，ルータ（エッジルータ）によって相互に接続されている。個別のネットワーク内は，コアルータによって構成されている。いずれのルータも，発信元ホストが要求する宛先ホストに，正確に情報が転送されるように経路を選択する。

経路選択は経路制御表（ルーチングテーブル）に従って行う。経路制御表は定期的に書き換えられ，ルート故障などのネットワークの状況の変化を反映させる。

電話ネットワークでは，回線設定のために経路制御が行われる。この経路制御は，あらかじめ定められたルールに従って実行される。ルート故障などが発生した場合には，プロテクションスイッチによって，あらかじめ定められた予備ルートに切り替えられる。切替えによって，通話中の呼は切断される。

③　**IP パケットの中継**　　インターネットでは，ルータは受信パケットが自ルータに接続されている端末宛の場合にはパケットを取り出し，他のルータに接続されている端末宛の場合には中継して目的ルータ宛の方路へ送出する。

④　**データ分割と再合成**　　伝送リンクごとに伝送可能なパケットの最大長，すなわち，最大転送単位（MTU：maximum transfer unit）が定められている。最大転送単位を**表8.1**に示す。

表8.1　最大転送単位（MTU）

| データリンク | MTU | 全パケット長 |
|---|---|---|
| IP の MTU | 65 535 | — |
| IP over ATM | 9 180 | — |
| FDDI | 4 352 | 4 500 |
| Ethernet | 1 500 | 1 514 |
| IEEE 802.3 Ethernet | 1 492 | 1 514 |
| IP 最小 TU | 64 | — |

〔注〕　単位：オクテット

最大転送単位を超える情報の場合には，許容される最大パケット長に収まるように，元の情報を分割して複数のパケットに収容する（パケット分割，packet fragmentation）。その際に，分割された複数パケットから，元のデータ

を再合成(パケット再組立て,packet defragmentation)するための順序情報も付加される。

⑤ **ヘッダの誤り検出と通知(ヘッダチェックサム)** ヘッダ情報の誤りは,経路制御に重大な支障をきたす。そのため,ヘッダの誤り検出機能を備えている。IPは検出のみ行う。誤り検出後の処理はICMPが扱う。

IP(第3層)は,さまざまな第2層以下のプロトコル上で機能することを狙ったものである。すなわち,IPは,あらゆる伝送リンクの利用を意図している。しかし,光ファイバ,同軸ケーブル,LANケーブル,無線LAN,通信衛星などは伝播遅延や伝送誤り発生パターンなどが異なる。このように,さまざまな伝送特性を持つものとのすべての組合せに対しては,均一の性能を発揮できない場合がある。IPv4のパケット構造を図8.1に示す。

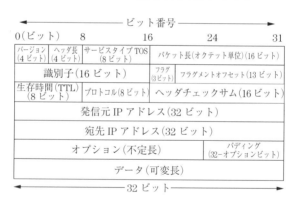

図8.1 IPv4のパケット構造

ヘッダの各フィールドの主要機能はつぎのとおりである。

① **バージョン番号** IPのバージョンを表す。このバージョンを参照することにより,ヘッダの各フィールドの内容に基づき,ルータは必要な処理を行う。従来はバージョン4(IPv4)が広く使用されていたが,現在はバージョン6(IPv6)の実装も行われている。

② **ヘッダ長** IPv4パケットのヘッダには,不定長のオプションフィールドが定義されている。データの開始位置,すなわち,ヘッダの最終ビット

位置を明示するためにヘッダ長情報が必要である。オプションを持たない IPv4 パケットヘッダ長は 20 オクテットである。

③ **サービスタイプ**（TOS : type of service）　ルータにおけるパケット転送の優先度制御に使用する。TOS 値の大きいパケットの優先度が高いとみなす。先頭 3 ビットで「0〜7」が使用されている例がある。遅延やパケット損失などの要求条件の厳しいアプリケーションパケットに高優先度を付与する。

④ **パケット長**　ヘッダとデータを合わせた全体のパケット長である。ヘッダ長，データ長とも可変長であるので，パケットの最後のビット位置を明示する必要がある。オクテット単位で表示する。

⑤ **識別子，フラグ，フラグメントオフセット**　トランスポート層セグメントを複数の IP パケットに分割（フラグメント）する場合の分割情報である。分割，再組立てに使用する。IPv4 では，ルータでこの機能を使用できるが，IPv6 では，ルータにフラグメント機能の使用を許していない。

識別子は，パケットがフラグメントされたものかどうかを識別する。フラグビットは，分割されたパケットの最後のパケットのみ 0，その他のすべてのパケットでは 1 である。これを識別することにより，フラグメントの最終パケットを識別する。オフセットは，分割されたパケットのもともとの順序を示すための情報である。これらの情報を使用して，複数のフラグメントされたパケットから，元のトランスポートセグメントを復元する。

⑥ **生存時間**（TTL : time to live）　パケットが永遠にネットワーク内で巡回転送されないための規定である。ルータを通過するごとに 1 だけ減少させる。TTL=0 になると，そのパケットは廃棄される。インターネットは自律分散型のネットワークであるため，何らかの不都合でループ経路が形成され，パケットが永遠に巡回することがないように導入された。

⑦ **プロトコル**　宛先端末において，データを渡す適切なトランスポート層プロトコルを示す。「6」は TCP を，「17」は UDP を示す。

⑧ **ヘッダチェックサム**　ヘッダ情報がパケット転送に必要なすべての情報を持つため，ヘッダに誤りが発生するとパケット転送は正確に行われない。

## 8. インターネットのネットワーク層プロトコル

そのため,ヘッダの誤り検出を行う。

チェックサムによる誤り検出の仕組みを図8.2に示す。誤り検知の対象データを16ビットごとに区切り,その16ビットを2値表現の整数とみなす。図では,32ビットデータ $A$ を16ビットの二つの整数 $A1$, $A2$ とみなす。$A1$ と $A2$ の2値の算術和 $B$ をとり,その補数 $C$ をチェックサムとする。受信したヘッダのデータの16ビットごとの2値和 $B'$ をとり,受信したチェックサム $C$ との和 $D$ をとる。誤りがなければ,結果は「$D = 1111\ 1111\ 1111\ 1111$」になる。いずれかのビットが0になった場合には,伝送誤りが存在することになる。

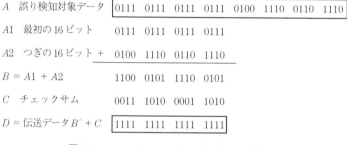

図 8.2 チェックサムによる誤り検出の仕組み

⑨ **発信元 IP アドレス,宛先 IP アドレス** 端末を識別するためのアドレスであり,IPv4 では,IP アドレス長は 32 ビットである。

⑩ **オプション** 上の機能以外の機能が必要な場合に,機能拡張のために設けられている。機能の拡張性には優れるが,このフィールドが存在するため,ヘッダ長が特定できない。そのため,ヘッダが固定長の場合よりもルータにおける処理が複雑になる。

⑪ **データ(ペイロード)** 端末間で転送が行われるユーザ情報そのものである。このデータを正確に転送することが,インターネットの最重要な担務である。データ量はユーザによってもアプリケーションによっても異なるため,データ長は可変である。MTU(最大転送単位,表8.1 参照)を超えるデータ長の場合には,複数の IP パケットに分割して転送する必要があることはいうまでもない。

〔2〕 インターネットプロトコルバージョン6 (IPv6)

IPv4の後継のプロトコルがIPv6である。IPv4のアドレス空間のアドレス容量が約43億である。インターネットの急速な普及によって，2010年前後にはアドレスが不足する可能性のあることが懸念された。

後継プロトコルの最大の課題は，アドレス空間の拡張である。さらに，IPv4の経験を後継プロトコルに生かす研究がなされた。次世代インターネットプロトコル，IPng (IP next generation) である。最終的にIPv6としてまとめられた[2]。IPv6のパケットヘッダを図8.3に示す。

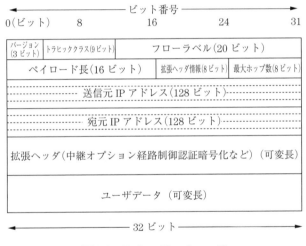

図 8.3　IPv6のパケットヘッダ

ヘッダの各フィールドのおもな機能は以下のとおりである。

① バージョン　　IPのバージョンを示す。IPv6では6である。
② トラヒッククラス　　IPv4のサービスタイプ（TOS）に相当する。
③ フローラベル　　パケットのフローを識別する。
④ ペイロード長　　ヘッダのつぎにくるデータ長を示す。
⑤ ネクストヘッダ　　TCPやUDPなどつぎにデータを渡す上位プロトコルを識別・指定する。
⑥ ホップ制限　　IPv4の生存時間（TTL）に相当する。

144    8. インターネットのネットワーク層プロトコル

⑦ **発信元 IP アドレス, 宛先 IP アドレス**    128 ビットの端末識別アドレスである。

⑧ **データ**    IPv6 パケットのペイロードである。

IPv6 への変更の目的は, より多くの端末を識別可能とすることであり, 今後, ますます増大するブロードバンド情報やストリーミング型情報転送への要求に対応するために, 転送処理を高速化することである。そのために, IP アドレス長を 32 ビットから 128 ビットとし, 機能を可能な限り簡略化した。また, セキュリティ向上のための機能を提供可能とし (IPsec), プラグアンドプ

---

IP バージョン

現在, 最も広く使用されているインターネットプロトコルは IPv4 (RFC794) である。現在, 導入が進められているのは IPv6 である。

IPv0〜IPv3 は, 1977 年から 1979 年にかけて試用された, いわば, IPv4 のベータバージョンであり, 実用プロトコルの IPv4 として結実した。

一方, 1970 年代後半には, 音声や動画のストリーミング型転送用に, インターネットストリームプロトコル (IST) が開発された (RFC1190 (Experimental) ST2, RFC1189 (Experimental) ST2 +)。これらには, IPv5 が割り当てられた。これらのプロトコルは, ストリーミング型情報転送用に帯域確保を行うものである。

IPv4 の IP アドレス (32 ビット) の容量は約 40 億である。1990 年代のインターネットの急激な普及状況からアドレスの枯渇が懸念された。

IPv6 では, 十分なアドレス容量を確保するため 128 ビット (IP アドレス容量は約 $3.4 \times 10^{38}$) が採用された。IPv5 がすでに ST プロトコルに割り当てられていたため, IPv4 に代わる次世代のインターネットプロトコルとして, IPv6 が割り当てられた。ちなみに, その後 ST と同様に QoS 保証を意図したプロトコル RSVP が開発されたため ST (IPv5) は削除された。

次世代インターネットプロトコル (IPng) として SIPP (RFC1710, Simple Internet Protocol Plus), TP/IX (RFC1475, TP/IX : The Next Internet), PIP (RFC1621, The P Internet Protocol), TUBA (RFC1347, TCP and UDP with Big Address) などが提案され, 研究された。最終的には, SIPP が採用され IPv6 となった。

レイによる IP アドレス割当てを可能とした。

IPv4 と IPv6 の違いを以下にまとめる。

① **拡張されたアドレス長**　IPv4 の IP アドレス長 32 ビットに対して IPv6 では 128 ビットである。IPv4 のアドレス容量約 43 億（$4.3×10^9$）に対して，IPv6 では約 340 潤（「かん」と読む，$3.4×10^{32}$ すなわち 43 億×43 億×43 億×43 億）のアドレス容量を持つ。

② **固定ヘッダ長**　IPv4 ではオプションなしの場合のヘッダ長を 20 オクテットとする可変長ヘッダに対して，IPv6 では 40 オクテットの固定ヘッダ長である。ヘッダはルータで中継転送するたびに処理する部分であり，固定長とすることにより処理を簡便化した。

③ **フローラベルとパケット優先制御**　QoS 保証が必要なトラヒックに対して，ネットワーク内で優先的な取扱いを要求するフローの属性を，送信端末において付与可能である。

④ **フラグメンテーション機能の削除**　ルータにおけるフラグメンテーションは行わない。パケット長が転送中に MTU を超えた場合には，そのパケットは廃棄される。

⑤ **チェックサムの削除**　TCP および UDP は，チェックサム機能を持つ。そのため，IP でこの機能を重複して持つ必要がないこととした。

⑥ **オプションフィールの削除**　ネクストヘッダでオプションを指定することは可能であるが，ヘッダ機能には含まれない。

## 8.2　IP アドレス

ネットワークを経由して正しい宛先に情報を届けるためには，アドレス情報が使用される。

IP アドレスは文字どおり郵便などを届けるための「住所（address）」に相当するが，郵便に使用される住所とは異なり，国・都道府県・市町村などの地理的条件とは独立の識別情報である。IP アドレスとしては IPv4 と IPv6 が使

**146**　　8.　インターネットのネットワーク層プロトコル

用されている。

IPv4 アドレスは従来から使用されていたもので，アドレス長は 32 ビットである。IPv4 のアドレスでは容量が不十分であるため，IPv6 がその後規定された。IPv6 アドレスのアドレス長は 128 ビットである。

IP アドレスは，端末のソフトウェアによって設定される。ネットワーク設定などを行う場合以外は，通常は，ユーザの目に触れない。通常は，人にとってなじみやすいホスト名を使用する。この名称はドメインネームと呼ばれ，階層構造を持つ。

トップレベルドメインには，一般トップドメインと国別トップドメインがある。

一般トップレベルドメインは，組織種別をベースにし，「com」（商業組織），「edu」，（教育機関など），「net」（ネットワーク），「org」（非営利組織），「gov」（米国政府機関など），「int」（国際機関など）などがこれに当たる。具体例として，ntt.com（NTT），kddi.com（KDDI），state.gov（米国国務省）などがある。

国別トップレベルドメインは，国コードを示す 2 文字コードが使用される。「jp」（日本），「us」（米国），「kr」（韓国），「cn」（中国）などがその例である。国別トップレベルドメインの下の第 2 レベルドメインには組織種別をベースとした「co」（企業），「ac」（大学など），「ne」（ネットワーク），「or」（非営利組織），「go」（政府機関など）と，「tokyo」などの都道府県や市町村名などを用いた地域型ドメイン名がある。具体例として，「kogakuin.ac.jp」（工学院大学）「waseda.ac.jp」（早稲田大学），「soumu.go.jp」（総務省），「metro.tokyo.jp」（東京都）などがある。

一般トップレベルドメインでは第 2 レベルドメイン以下，国別トップレベルドメインでは第 3 レベルドメイン以下は，個々の組織がネームを設定できる。

このホストコンピュータのドメインネームは，DNS（domain name system）サーバによって IP アドレスに変換され（アドレス解決）て，経路制御に使用される。インターネットアドレスの構成と機能を**図 8.4** に示す。

8.2 IP アドレス　　147

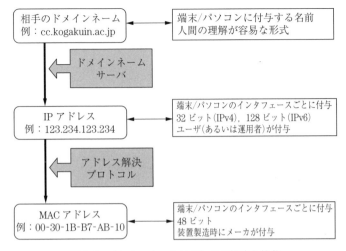

図 8.4　インターネットアドレスの構成と機能

DNSとドメイン階層を図 8.5 に示す。また，ドメイン名の構成を図 8.6 に示す。トップドメインとして「jp」を持つドメイン名と具体例を表 8.2 に示す。

IPv4 のアドレスは，可変長のネットワークアドレスを指定することにより，ネットワーク規模に応じてクラスを設定している。最も大規模なクラスを A

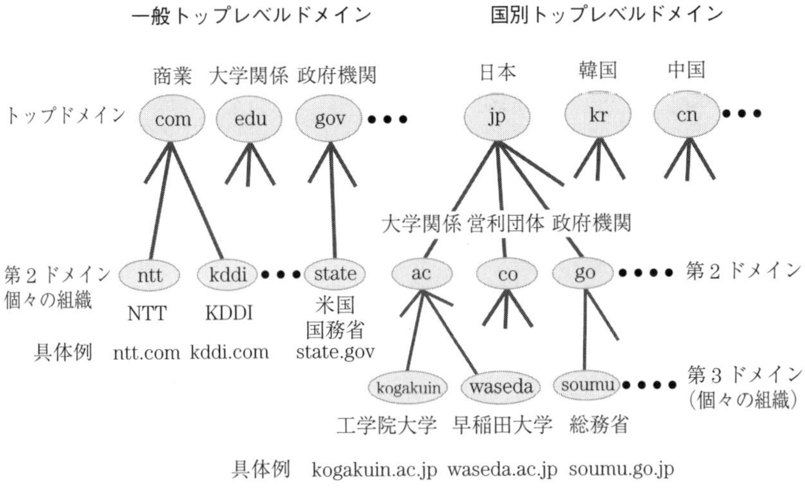

図 8.5　DNSとドメイン階層

## 8. インターネットのネットワーク層プロトコル

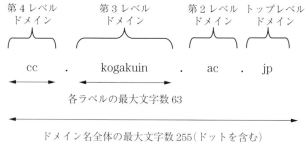

図 8.6 ドメイン名の構成

表 8.2 トップドメインとして「jp」を持つドメイン名と具体例

| 属性型（組織種別型）JP ドメイン名 | | 例 | 組織・団体など |
|---|---|---|---|
| ac.jp | 大学，大学共同利用機関，職業訓練校など | kogakuin.ac.jp | 工学院大学 |
| co.jp | 株式会社などの会社，信用金庫（日本で登記） | ntt.co.jp | NTT |
| go.jp | 政府機関，各省庁所轄研究所など | soumu.go.jp | 総務省 |
| or.jp | 財団・社団法人などの法人，国際機関，外国在日公館など | ttc.or.jp | 情報通信技術委員会 |
| ad.jp | ネットワーク管理組織など | iij.ad.jp | 日本インターネットイニシアチブ |
| ne.jp | 営利/非営利ネットワークサービス業者 | ocn.ne.jp | OCN |
| gr.jp | 複数の日本在個人/法人の任意団体 | mozilla.gr.jp | Mozilla コミュニティ |
| ed.jp | 幼稚園，小・中・高等学校，各種学校など | yknet.ed.jp | 横須賀市教育情報センター |
| lg.jp | 地方公共団体，一部行政事務組合など | hayama.lg.jp | 葉山町 |
| 地域型 JP ドメイン名 | | | |
| 一般地域型ドメイン名 | | 例 | 組織・団体など |
| 地域名.jp | 属性型ドメイン名を取得できる組織 | kaisha.shinjuku.tokyo.jp | kaisha という名の東京都新宿区の会社 |
| 地方公共団体ドメイン名 | | 例 | 組織・団体など |
| 公共団体名.jp | 地方公共団体とその機関 | city.yokosuka.kanagawa.jp | 横須賀市 |
| 汎用 jp ドメイン名 | | 例 | 組織・団体など |
| 任意の名.jp | 日本国内に，住所を持つ個人，組織 | example.jp，日本語.jp | example という名の個人または組織 |

## 8.2 IPアドレス

とし，最も小規模なネットワークをCとしている．クラスAでは，ホストコンピュータ数を最大16 777 214台までアドレスを割り当てることが可能である．世界中で最大126のネットワークをクラスAに割り当てることができる．一方，クラスCでは254台のホストコンピュータアドレスを割り当て可能である．世界中で最大2 097 150のネットワークをクラスCに割り当て可能である．IPアドレスとクラスを図8.7に示す．

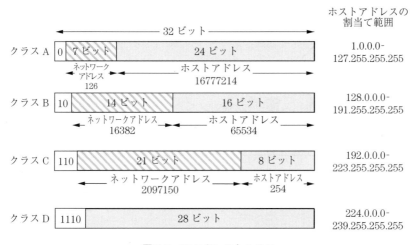

図8.7 IPアドレスとクラス

表8.3 IPv4とIPv6

|  | IPv4 | IPv6 |
| --- | --- | --- |
| アドレス空間 | 32ビット（$4.29 \times 10^9$） | 128ビット（$3.40 \times 10^{38}$） |
| 表現形式 | 10進法 | 16進法 |
| 表記方法 | ネットワーク部＋ホスト部 | ネットワーク部＋ホスト部 |
| アドレス体系 | ネットワーク部：規模により割り当て桁数可変（8, 16, 24ビット） | ネットワーク部＝固定長（広域ネットワーク部48ビット＋サイト内部16ビット） |
| パケットヘッダ長 | 可変 | 固定 |
| 処理の軽重 | 重い | 軽い |
| セキュリティ | 組込みなし | 組込み可能 |
| 拡張性 | IPパケットヘッダのオプション部で指定 | 拡張ヘッダによりペイロード部で指定 |

IPv4 と IPv6 をまとめて表 8.3 に示す。

## 8.3 IP ネットワークの経路制御

IP ネットワークの経路制御は，各ルータにおいて経路制御表に従ってパケットごとに実行される。経路制御表の基本概念を図 8.8 に示す。

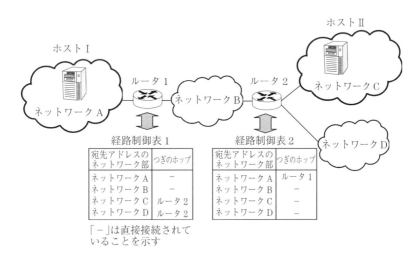

図 8.8　経路制御表の基本概念

ネットワーク A に属するホスト I からネットワーク C に属するホスト II にデータを転送する場合の動作の概要は以下のとおりである。

① ホスト I がパケットを送出し，ルータ 1 に到達する。
② ルータ 1 では，パケットの宛先アドレスのネットワーク部からホスト II がネットワーク C に属することがわかる。
③ ルータ 1 が持つ経路制御表からネットワーク C へ接続するためには，次ホップとしてルータ 2 に送ればよいことがわかり，ルータ 2 にパケットを中継転送する。
④ ルータ 2 は，ネットワーク C が直接接続されていることを経路制御表から知り，ネットワーク C へパケットを転送し，目的のホスト II にパケ

## 8.3 IPネットワークの経路制御 *151*

ットは届けられる。

IPネットワークの経路制御にも，静的経路制御と動的経路制御がある。静的経路制御では，経路制御情報をあらかじめルータに固定的に登録しておく。動的制御では，ルータが定期的にルータどうしで経路の接続状況を確認し，経路制御表の更新を行う。

静的経路制御は，大規模のネットワークではルート設定の更新が煩雑である。インターネットでは故障時に迂回経路に切り替えるためのプロテクションスイッチは，通常は，設けられていないため，リンク故障が発生した場合には，ネットワーク管理者が新しくルートを設定するまで回復されない。

動的経路制御では，大規模ネットワークでも設定が簡単で，リンク故障時には自動的に迂回ルートを用いてルートを回復できる。しかし，ルート情報の更新維持のための帯域を使用すること，CPUやメモリ資源をこの動的設定に使用するため，静的経路制御では必要なかったオーバヘッドが発生する。

TCP/IPネットワークで通常用いられているルーチングプロトコルには，RIP（routing information protocol），OSPF（open shortest path first）などがある。

経路情報の更新は，RIPでは30秒ごとにルータの保持する経路情報を交換することによって行われる。OSPFの経路情報維持のための確認間隔は10～30秒である。この確認はHelloパケットを用いて行われる。一定時間，受信ルータからの応答がないと，その隣接ルータは故障しているとみなされ，そのリンクは経路制御表から削除される。

〔1〕 RIP

RIPは，UDPのブロードキャストデータパケットを用いて，経路情報を隣接ルータに通知する。経路情報には，「メトリック」と呼ばれる宛先ネットワークまでの距離情報（ルータのホップ数）が含まれる。メトリックは，ルータを超えるごとに，1ずつ加算される。RIPは，このメトリックを利用してネットワークトポロジーを把握する。このため，「距離ベクトルアルゴリズム」に基づいたルーチングプロトコルと呼ばれる。

**152**　　8.　インターネットのネットワーク層プロトコル

RIP では，最少メトリックの経路が最適経路として使用される。メトリックの最大値は 15 に設定され，15 を超えた場合は到達不能とみなされる。

〔2〕　OSPF

OSPF では，各ルータが「リンクステート」と呼ばれる情報要素を作成し，ほかの全ルータに配信する。これを受信したルータは，このリンクステート情報に基づき，ほかのルータがどこに存在し，どのように接続されているのかという LSDB（link state data base）を作成し，ネットワークトポロジーを把握する。このため，OSPF は「リンクステート・アルゴリズム」に基づいたルーチングプロトコルと呼ばれる。

OSPF では，コスト（インタフェースの帯域幅の逆数に比例）の低い経路が最適経路として使用される。また，一度リンクステート情報が交換されると，この情報に更新がない場合は，基本的には Hello パケットによる生存確認のみを行う。更新があった場合には，その差分情報だけを交換する。

ここで使用している「コスト」は，経済的な意味は持たないので注意が必要である。目的に応じて，コストとして遅延など他のパラメタを採用することも可能である。

# インターネットのトランスポート層とフロー制御

## 9.1 インターネットにおけるトランスポート層

インターネットにおいては、トランスポート層プロトコルとして、UDP（user date protol）と TCP（transmission control protocol）とが規定されている。アプリケーション層は、そのいずれかを選択して用いる。

UDP は、信頼性を保証しないコネクションレス型通信を提供する。TCP は、信頼性の高いコネクション型通信を提供する。TCP は信頼性の高いコネクション型通信を提供するが、信頼性を保証するものではない。

IP が提供する転送サービスはベストエフォート型転送サービス（best effort delivery service）である。IP は、通信する端末・ホスト（以下簡単のためホストとする）間の IP パケットを最善の努力（best effort）で転送するが、転送の保証はしない。

具体的には、IP はパケット（データグラム）が宛先ホストに到達することを保証しないし、複数のパケット（データグラム）が送られた順序どおりに到達することも保証しない。また、パケット内のデータに伝送誤りがなく完全なデータであることも保証しない。このため、IP サービスは、信頼性がない転送サービスである。

さらに、IP は経路制御のみに専念し、トラヒック管理の機能も有さない。IP には、ネットワークが輻輳しているかどうかを検知するすべがない。

UDP は、IP がベストエフォート型のパケット転送を行うのと同様に、ベス

トエフォート型通信を行い，信頼性をはじめ順序保存データ完全性を保証しない通信を提供する。UDP はトラヒック流量制御を行う機能を持たない。

ベストエフォート型通信サービスとは，物理層からアプリケーション層までを含み，ベストエフォート型転送サービスとは，物理層からネットワーク層までを含む。

TCP は，IP のベストエフォート型転送サービス上で，信頼性の高い通信を提供するために，フロー制御，シーケンス番号，ACK，タイマーなどを用いる。

インターネット上の TCP による高信頼通信サービスの実装を図 9.1 に示す。

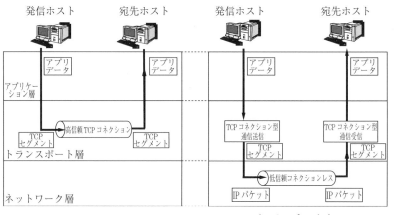

図 9.1 インターネット上の TCP による高信頼通信サービスの実装

ユーザからは，TCP コネクションにより高信頼通信が見えるが，実際には，その TCP コネクションは，IP 層のコネクションレス機能の上に実現されている。

下位層と上位層は，信頼性の観点からは，つぎに示す，信頼性の階層関係が一般的に必要である。

「下位層の信頼性」≧「上位層の信頼性」

TCP/IP ネットワークでは，この関係が成立していない。IP 層はこのため

に工夫することが許されていないために，TCP 層に工夫が必要である。

ネットワークのトラヒック流量の制御が必要なアプリケーションでは，端末のトランスポート層機能が制御機能を持つ。

ホストは，トランスポート層プロトコル TCP によってトラヒック流量制御を行う。

## 9.2　UDP

UDP は，トランスポート層でコネクションを設定することなく，IP データグラムを，転送するためのプロトコルである[1]。UDP は，発信ホストおよび宛先ホストのアプリケーションプロトコルに関する情報を載せただけのものである。

プロトコルレベルでは ACK 応答を返さないので，宛先に届いたかどうかは送信側ではわからない。エラーが発生した場合には，そのパケットを捨てる。エラー制御などは，上位のアプリケーションプロトコルで行うことが必要である。

トランスポート層コネクションを設定しないため，転送時間の遅延は TCP よりも小さく，かつ，輻輳に対する制御機能を持たない。IP パケットの原型はデータグラム型通信であるため，UDP のための特別な機能は必要としない。UDP ポート番号によるアプリケーションとの対応付けが UDP 機能である。

UDP ヘッダを図 9.2 に示す。UDP ヘッダとペイロードを合わせて UDP セグメントという。

| 発信元ポート番号<br>(16 ビット) | 宛先ポート番号<br>(16 ビット) |
|:---:|:---:|
| データ長<br>(16 ビット) | チェックサム<br>(16 ビット) |
| アプリケーションデータ | |

―――――――― 32 ビット ――――――――

図 9.2　UDP ヘッダ

**156**　　9.　インターネットのトランスポート層とフロー制御

UDP に特徴的なのは，遅延が小さいこと，ACK が返ってこないこと，宛先ノードは複数でもよいことである。したがって，実時間アプリケーションや，ストリーミング型アプリケーションでは UDP が使用される。さらに，マルチ

表9.1　インターネットアプリケーションとトランスポートプロトコル

| アプリケーション | アプリケーションプロトコル | トランスポートプロトコル |
|---|---|---|
| 電子メール | SMTP | TCP |
| リモートログイン | telnet | TCP |
| WWW | HTTP | TCP |
| ファイル転送 | FTP | TCP |
| ストリーミング | RTSP | TCP UDP |
| IP 電話 | RTP | UDP |
| ルーチングプロトコル | RIP | UDP |
| アドレス変換 | DNS | UDP |

〔注〕　SMTP：simple mail transfer protocol　　　RTP：real time protocol
　　　　HTTP：hyper text transfer protocol　　　RIP：routing information
　　　　FTP：file transfer protocol　　　　　　　　　　　protocol
　　　　RTSP：real time streaming protocol　　　DNS：domain name system

表9.2　UDP を使用するアプリケーションとポート番号の例

| ポート番号 | アプリケーション | 用　途 |
|---|---|---|
| 7 | echo | エコーパケット |
| 37 | time | 時間 |
| 39 | rlp | リソースロケーションプロトコル |
| 42 | Nameserver | ホストネームサーバ |
| 53 | domain | ドメインネームサーバ |
| 69 | tftp | トリビアルファイル転送 |
| 123 | ntp | ネットワーク時間プロトコル |
| 161 | snmp | SNMP |
| 520 | router | RIP |
| 546 | dhcpv6-client | DHCPv6 クライアント |
| 547 | dhcpv6-server | DHCPv6 サーバ |
| 554 | RTSP | リアルタイムストリーミングプロトコル |
| 5004 | RTP | リアルタイムプロトコル |

〔注〕　SNMP：simple network management protocol
　　　　DHCP：dynamic host configuration protocol

キャスト，ブロードキャストの場合にも UDP が使用される。

代表的なインターネットアプリケーションとそのトランスポートプロトコル
を表 9.1 に示す。UDP を使用するアプリケーションとポート番号の例を**表
9.2** に示す。

## 9.3 TCP

TCP は，コネクションレス型ネットワーク上で，トランスポート層のコネ
クションをエンド-エンド間で設定して，信頼性のあるコネクション型通信を
実現するためのプロトコルである[2]。

インターネットは，コネクションレス型ネットワークであり，IP はネット
ワークの混雑状況と無関係に経路制御表に従って，目的地までパケットを転送
する。

輻輳などによってパケット損失が発生したかどうかを，IP は検知できない。
高い信頼性のある通信を，信頼性のないインターネット上で実現する必要があ
るアプリケーションでは，受信ホストにパケットが到達したことをトランスポ
ート層が検知し，パケットが無事に到達した場合に，ACK（送達確認）を発
信ホストに返送する。ACK が受信ホストから返ってきた場合に，発信ホスト
はつぎのパケットを発信する。

トランスポート層は，実際にパケットがネットワーク内で損失したかどうか
を検知しているわけではなく，受信ホストまで一定の時間以内に到着したかど
うかを判断し，規定時間以内にパケットが到着しない状態（タイムアウト）が
発生した場合を，パケット損失とみなしている。

当然のことながら，パケットが途中で紛失した場合には，パケットは永遠に
到着しない。ネットワーク内に滞留して定められた時間よりもパケット到着が
遅れる場合にも，損失したとみなし，パケットを再送する。

TCP ヘッダを図 9.3 に示す。TCP ヘッダとペイロードを合わせて TCP セ
グメントという。ヘッダの各フィールドの主要機能はつぎのとおりである。

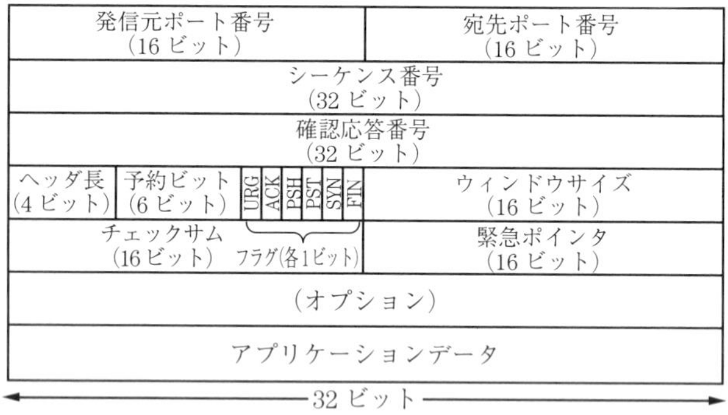

*158*　　　9. インターネットのトランスポート層とフロー制御

図 9.3　TCP ヘッダ

① **シーケンス番号**　　送信するセグメントの順序を宛先ホストに通知する。宛先ホストでは，この番号によってセグメントの順番を正しく並べ替えたり，届かなかったセグメントの再送要求を出すことができる。

② **確認応答番号**　　データを受信したホストが送信元ホストに受信の確認を行うための番号である。

③ **ヘッダ長**　　TCP ヘッダの長さを 4 オクテット（32 ビット）単位で示す。

④ **予約ビット**　　将来の機能拡張のための予備ビットである。

⑤ **フ ラ グ**　　6 ビットからなり，つぎの六つのフラグフィールド（各 1 ビット）から構成されている。

・URG（**緊急データ**）　　緊急伝送用であることを示す。

・ACK（**送達確認**）　　コネクション確認要求の最初のパケット以外は，すべて 1 である。

・PSH（**逐次処理**）　　転送強制フラグである。1 の場合は受信したデータをただちに上位層へ渡す。

・RST（**強制切断**）　　1 の場合はコネクションの強制解除を行う。

・SYN（**接続要求**）　　同期フラグである。1 の場合はコネクション設定を開始する。

・FIN（**切断要求**）　　転送終了フラグである。1 の場合はコネクションを

終了する。

⑥ **ウィンドウサイズ**　宛先ホストは，到着したセグメントを「ウィンドウ」と呼ばれる受信バッファに一度蓄積し，上位層に渡す。そのため，受信バッファ以上のデータが，一つのセグメントとして到着してしまうと処理しきれなくなる。そこで，宛先ホストは送信元ホストに宛先ホストのウィンドウサイズをあらかじめ通知する。

⑦ **チェックサム**　誤り制御用フィールドであり，対象はTCPセグメント全体である。すなわち，IPヘッダもチェックサムの対象である。IPv6ヘッダでチェックサムを削除したのは，このTCPのチェックサム機能と重複すると考えられたからである。

TCPの主要な機能はつぎのとおりである。

① ACKの返送により宛先へのパケット送達確認（再送を繰り返しても輻輳のため転送が失敗に終わることもある）

② エラー検出とエラー訂正

③ フロー制御

④ パケット順序の再構成

⑤ データを上位のアプリケーションに転送するインタフェースの提供

表9.3　TCPポートの番号例

| TCP ポート番号 | アプリケーション | 用　途 | TCP ポート番号 | アプリケーション | 用　途 |
|---|---|---|---|---|---|
| 20 | ftp-data | ファイル転送（データ本体） | 70 | gopher | gopher |
| 21 | ftp | ファイル転送（コントロール） | 80 | http | WWW |
| 22 | ssh | シェル：SSH（セキュア） | 110 | pop3 | メール受信（POP） |
| 23 | telnet | シェル：telnet | 119 | nntp | ネットニュース |
| 25 | smtp | メール送受信 | 143 | imap | メール（IMAP） |
| 53 | domain | DNS | 443 | https | WWW（セキュア） |

**160**　　9.　インターネットのトランスポート層とフロー制御

（TCP ポート番号）

　上位のアプリケーションはアプリケーションごとに，特定の TCP ポート番号を持ち，TCP は受信側では，上位の適切なアプリケーションプロトコルにデータを受け渡す。アプリケーション名でプロトコルを特定する代わりに，TCP ポート番号によりアプリケーションを特定する。TCP ポート番号は，アプリケーションの番地あるいはアプリケーションへのゲートのようなものである。TCP ポートの番号例を**表 9.3** に示す。

　アプリケーションと TCP ポート番号と UDP ポート番号の例を**図 9.4** に示す。UDP と TCP の概要を**表 9.4** にまとめて示す。

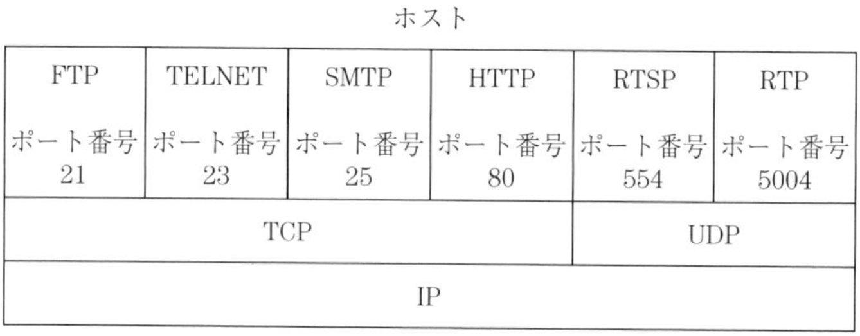

ホスト

| FTP | TELNET | SMTP | HTTP | RTSP | RTP |
|---|---|---|---|---|---|
| ポート番号 21 | ポート番号 23 | ポート番号 25 | ポート番号 80 | ポート番号 554 | ポート番号 5004 |
| TCP | | | | UDP | |
| IP | | | | | |

**図 9.4**　アプリケーションと TCP ポート番号と UDP ポート番号の例

**表 9.4**　UDP と TCP の概要

| | UDP | TCP |
|---|---|---|
| 接続形態 | $1:1$ および $1:n$ | $1:1$ |
| アプリケーションの特定方法 | UDP ポート番号 | TCP ポート番号 |
| 送受信の単位 | パケット[*1] | ストリーム[*2] |
| 宛先までの到達確認 | なし | あり |
| パケット損失時の動作 | なし | 再送 |
| 事前のアプリケーションどうしの接続動作（コネクションの確立） | 不要[*3] | 必要[*4] |
| 処理の軽量 | 軽い | 重い |

〔注〕　*1 パケット：送信側が送ったパケットが，そのままの形で受信側に届く
　　　　*2 ストリーム：送信されるデータはさまざまな長さを持つ
　　　　*3 コネクションレス型通信
　　　　*4 コネクション型通信

## 9.4 TCP 転送ポリシーと輻輳制御

インターネットのようなコネクションレス型ネットワークでは，ネットワークの混雑状況と無関係に，通信端末（エンドホスト）からデータが送信される。IP は，ネットワークの輻輳状況のいかんにかかわらずデータパケットを目的地まで転送する。ネットワークが運ぶことができる以上の負荷が与えられると，輻輳が発生し，データパケットの一部はネットワーク内で失われ，パケット損失が発生する。輻輳によってパケット損失が発生すると，パケット転送遅延が急激に増大し，ネットワークのスループットは劣化する。輻輳制御により，ネットワークの負荷を適切な量に制御することが必要である。

輻輳制御を行うためには，輻輳しているかどうかを検知する必要がある。電話ネットワークのようなコネクション型ネットワークでは，通信に先立ってネットワーク資源が新しい呼（通信）に必要な回線を確保できるかどうかをチェックし，ネットワーク資源を確保できる場合，すなわち，輻輳していない場合にのみ回線を設定して通信を受け付ける。このように，コネクション型ネットワークは，回線設定手順によって，ネットワーク資源と通信量のバランスを制御している。

IP ネットワークでは，IP の機能に輻輳検知・輻輳制御の機能がないため，ネットワークからの輻輳通知を契機にして，通信端末が，ネットワークに対して発信するデータ量を制御することは期待できない。そのため，通信端末のTCP 層が輻輳制御を担っている。

現在のネットワークでは，光ファイバによる回線が主流であり，性能も安定しているため，故障状態でもない限り，データリンク層以下の性能劣化によってパケット損失が発生することはまれである。パケット損失の大部分は輻輳によって発生すると考えてよい。

無線回線では，フェージングや他の電波源からの干渉などによって，通信品質が必ずしも安定していないことがある。したがって，無線回線がリンクの一

部に用いられている場合には，安定な品質を前提とする TCP/IP は，必ずし
も，所期の性能を発揮できない場合がある。

　TCP は，ネットワークが輻輳しているかどうかを直接検知するのではなく，
理由のいかんにかかわらず，パケット損失が発生して，相手端末にパケットが
到着しなかった場合を輻輳とみなして，輻輳制御を行う。

## 9.5　輻輳ウィンドウとスロースタート

　TCP 輻輳制御では，発信ホストと宛先ホストの双方が輻輳ウィンドウと呼
ばれるパラメータを持つ。宛先ホストは到着したセグメントを受信バッファ
（これもウィンドウと呼ばれる）に一度蓄積し，上位層に渡す。そのため，受
信バッファサイズ以上のデータが，一つのセグメントとして，到着してしまう
と処理しきれなくなる。そこで，宛先ホストは発信ホストに宛先ホストのウィ
ンドウサイズをあらかじめ通知しておく。

　TCP の輻輳制御には，いくつかの制御方式が提案されており，その制御方
式によって TCP の名称（バージョン）で呼称されている。

　ここでは，説明の便宜上，TCP Tahoe（ティーシーピータホー）の輻輳制
御機構について説明する[3]。

　TCP はパケット損失を直接検知できない。そのため，同じ ACK が三度継
続して返送されてきた（三重 ACK）場合に，パケット損失が発生したと解釈
する。これ以外のパケット損失は，定められた時間内に ACK が正常に返送さ
れてこなかった場合である。

〔1〕　スロースタート

　TCP は輻輳ウィンドウサイズを 1 から開始し，ラウンドトリップごとにウ
ィンドウサイズを 2 倍ずつ増加させる（スロースタート）。ネットワークの空
き帯域で，転送可能な最大ウィンドウサイズを超えるとパケット損失が発生す
る。

　三重 ACK によってパケット損失を検知した TCP は，パケット損失直前の

ウィンドウサイズの1/2をスロースタート閾値(しきいち)として設定する。そして輻輳ウィンドウサイズを，1から，再度設定し，スロースタートを繰り返す。

〔2〕**輻 輳 回 避**

ウィンドウサイズが設定されたスロースタート閾値に達すると輻輳回避段階に入り，ネットワークの許容量に達するまで，ウィンドウサイズを1ずつ増加させる。1ずつ増加させることにより，ネットワークの許容量に到達する時間が遅くなり，スロースタートによってウィンドウサイズを増加させるよりも，平均スループットが大きくなる。

スロースタートと輻輳回避の2段階を繰り返すことにより，平均ウィンドウサイズを最適なウィンドウサイズにより近付けることを試みる。

〔3〕**タイムアウト**

定められた時間内にACKが返送されなかった場合には，閾値はその時点の輻輳ウィンドウサイズの1/2に設定され，その後，輻輳ウィンドウは最大セグメントサイズ（MSS）に設定される。

TCPによる輻輳ウィンドウとスロースタートを図9.5に示す。

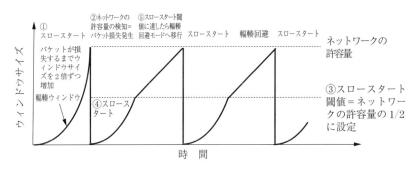

図9.5　TCPによる輻輳ウィンドウとスロースタート

TCPにはTCP Tahoe，TCP Reno，TCP NewReno，TCP Vegasなど複数のバージョンがある[4]~[6]。これらのうち，TCP Reno（TCP NewReno）が最も広く使用されている。

# トラヒックエンジニアリング

## 10.1 トラヒック設計

　情報通信ネットワークは，多数のユーザによって共用することにより，経済的な利用を可能にしている．ユーザごとに専用通信設備を設ければ，待ち時間もなく，通信は常時可能であるが，経済的でない．経済性を損なうことなく，かつ，各ユーザからみて，サービス性をある水準以上に維持する必要がある．

　道路ネットワークを移動する自動車の量や鉄道ネットワーク内を移動する車両の量などの交通トラヒックに対比して，情報通信ネットワークによって転送される情報量を，通信トラヒックと呼ぶ．

　トラヒックは多数のユーザによって生成されるため，ユーザの統計的な振舞いがサービス性を決定する．ネットワークがスムーズに運ぶことができる量以上のトラヒックが発生すると，道路ネットワークでは交通渋滞が，あるいは，情報通信ネットワークでは輻輳が発生する．

　通信トラヒックは，時々刻々変化する．週日には，オフィス業務の開始とともにトラヒックは増大し，オフィス業務の終了とともにトラヒックは減少する．夕方から夜間にかけては一般ホームユーザのトラヒックが増大する．このような24時間の時間変動以外にも，曜日によって，月によって，季節によって，あるいは景気の変動などに対応して年によっても変化する．これらは，通信トラヒックの週変動，月変動，季節変動，年変動と呼ばれる．トラヒックの時間変動の例を図10.1に示す．

## 10.1 トラヒック設計

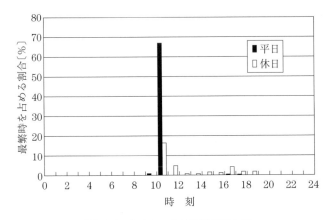

図 10.1　トラヒックの時間変動の例

　地震などの災害が発生すると，安否の問合せや見舞いなどの通信トラヒックが特定の地域宛に集中する，いわゆる災害型輻輳が発生する．さらに，入場券などの申込みや，テレビ放送などのリアルタイム視聴者アンケート応募などのための特定の電話番号に通信トラヒックが集中する企画型イベントによっても，トラヒックは変化する．

　輻輳は，ネットワーク資源がトラヒック需要に比して不足する場合に発生す

---

**ネットワーク資源使用率 100 %**

　100 km/h で走行する車両によって，ハイウェイが 100 % 使用されている状態を考えてみよう．ハイウェイが 100 % 使用されているということは，車が数珠つなぎで隙間なく道路上を埋め尽くし，しかも 100 km/h で移動している状態である．インターチェンジで減速することもなければ，車両の入れ替わりも不可能である．したがって，ハイウェイにランダムに出入りする複数の車両でハイウェイを共用する条件下では，100 % の使用効率は実際には実現できない．

　情報通信ネットワークでも，ネットワーク資源使用率 100 % に近い状態とは，ほんの少しのトラヒックゆらぎが発生しても，ネットワークが輻輳し，急激にスループットが低下する状態である．輻輳が発生すると，急激にスループットが低下するため，輻輳状態になる以前にトラヒックを制御することが重要である．

**166** 　10.　トラヒックエンジニアリング

る。想定されるトラヒックの瞬間最大値に合わせてネットワーク資源を設計すると，輻輳状態になる確率は小さくなるが，トラヒックが最大になる瞬間が発生する確率はきわめて小さい。通常は，ネットワーク資源の平均的な使用効率が低く経済的でない。ネットワーク資源を，つねに，輻輳状態になる直前のぎりぎりの条件で運用することができれば，最も経済的である。しかし，トラヒックの揺らぎによって輻輳状態になる確率は高くなり，多くの通信が輻輳の影響を受ける。

　サービス性（呼損率，待ち時間，使用帯域など）と経済性は相反するので，適切なネットワーク資源量をこれらの両面から，決定することがトラヒック設計の主目的である。

## 10.2　通信トラヒックと呼量

　ユーザの通信要求，あるいはその通信（情報転送）そのものを呼という。

　呼の情報量（呼量）を示す単位をアーラン〔erl〕という。例えば，$c$ を1時間当りの呼発生数，$h$ を平均保留時間とすると，その呼量 $a$〔erl〕は次式で与えられる。

$$a = ch \ 〔\text{erl}〕 \tag{10.1}$$

すなわち，1回線が運ぶことができる最大呼量は1 erl である。1 erl の呼を1回線で運ぶということは，回線を100％使用することを意味している。

　回線使用効率が100％ということは，複数の呼で同一回線が使用されている場合には，発呼要求が，その直前の呼が終了した時点で発生することを意味している。すなわち，新たな呼の発生時点と，その直前の呼の終了時点が一致している場合のみ，回線が100％使用されることになる。

　呼の発生は統計的な現象であり，多くの場合ランダムに発生するとみなされる。したがって，実際には回線の使用状態が100％になることはない。

## 10.3 通信トラヒックモデル

モデルとして，交換機は完全線群を持ち，呼はランダムに発生することとする。このような呼は，ポアソン呼（Poisson call）あるいはランダム呼（random call）と呼ばれる。ランダム呼はつぎの三つの条件を備える。

① 呼の発生がたがいに独立である。すなわち，呼の発生はその時点以前の呼の発生とは無関係である（呼生起の独立性，マルコフ性）。

② 観測時間 $\Delta t$ の間に呼が発生する確率は一定である。すなわち，呼の発生確率に時刻依存性はない（呼生起の定常性）。

③ 観測時間 $\Delta t$ を小さくとると複数の呼が生起することはない。すなわち，複数の呼がほとんど同時に発生する確率は無視できるほど小さい（呼生起の希少性）。

完全線群とは，すべての入線からの情報は，出線が空いている限りすべての出線に接続可能であり，交換機の内部でブロック（閉塞）が発生しないことを意味する。全出線，あるいは，交換機内部が使用されていて接続できない状態を輻輳という。輻輳状態にあるとき，接続をあきらめるシステムを即時系，空きが生じるまで待つシステムを待時系という。

即時系では，ネットワーク資源が輻輳状態にあるときは新規の呼は受け付けられないで呼損となる。

回線ネットワークのトラヒック設計では呼損率をサービス評価尺度とする。呼損率とは，呼要求数に対してネットワークによって受け付けられた呼の比である。目標呼損率から必要な回線数を決定する。

具体的には，電話サービスの中継回線数の算出根拠は，1 時間を単位として観測した連続する 24 時間のトラヒックで，最大トラヒックを発生する 1 時間（最繁時間（busy hour，あるいは peak busy hour））において，呼損率を目標値未満に抑えることを設計基準にする。

待時系では，サーバで待ち（queu）が許される。そのため，ネットワーク

資源が輻輳状態にあって、ただちに情報転送が受け付けられない場合には、待ち合わせて、ネットワーク資源が利用可能になった時点で、情報転送サービスを受けることができる。したがって、待時系ネットワークのトラヒック設計では、待ち時間、すなわち遅延、をサービス評価尺度とし、最繁時に相当するトラヒック量に対して必要な待合室数（バッファ容量）を決定する。待ちは、ネットワーク内の転送に関わるパケット交換機やルータごとに発生する。

通信トラヒックモデルを図 10.2 に示す。呼源から呼がランダムに到着し、待合室にいったん格納される。サーバ（出線）が空きであれば、ただちにサーバで処理され出力ポートから転送される。

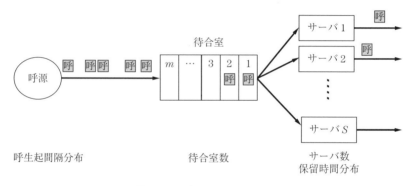

図 10.2　通信トラヒックモデル

即時系では図中の待合室数がゼロの場合であり、サーバが空いてなければ、すなわち、輻輳していれば、呼は受け付けられることなく廃棄される（呼損）。

トラヒック特性は、呼の生起分布とその呼が終了するまでのサーバを保留継続使用する保留時間（サービス時間）に依存する。

トラヒックモデルは、ケンドール表現を用いて表現される。すなわち、生起間隔分布 $A$、保留時間分布 $B$、サーバ数 $S$、待ち呼数の上限 $m$ とするときに、系はつぎのように表現される。

$$A/B/S(m) \tag{10.2}$$

生起間隔分布は、隣り合う呼生起の時間間隔分布、保留時間分布は呼が生起してから終了するまでの時間分布である。電話の保留時間分布例を図 10.3 に

10.3 通信トラヒックモデル    169

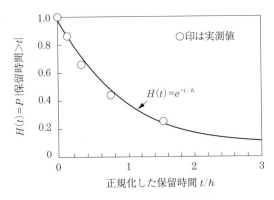

図 10.3 電話の保留時間分布例[1]

示す[1]。

ランダム生起し,ランダム終了する呼の生起間隔分布と保留時間分布は,指数分布に従うことが知られている。単位時間当りの呼の平均終了数(サービス率あるいは終了率)を $\mu$,平均保留時間を $h$ とすると,$\mu$ は次式で与えられる。

$$\mu = \frac{1}{h} \tag{10.3}$$

呼の保留時間が $t$ 以下になる確率 $p[$保留時間$\leq t]$ は次式で与えられる。

$$p[\text{保留時間} \leq t] = 1 - e^{-t/h} = 1 - e^{-\mu t} \tag{10.4}$$

電話の保留時間累積分布とそれを近似する指数関数分布を図 10.4 に示す。

即時系の場合には,交換機の出線(サーバ)がすべて使用中のときには,呼は受け付けられないため,待ち呼数 $m = 0$ となる。したがって,即時系である

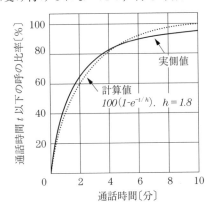

図 10.4 電話の保留時間累積分布と近似する指数関数分布[2]

電話トラヒックモデルは，ケンドール表現によると $M/M/S(0)$ と表現される。

## 10.4 回線交換ネットワークにおける交換機出回線数

呼の生起間隔は確率分布を持つ。単位時間内に生起する平均呼数は，呼生起率，あるいは，到着率と呼ばれ記号 $\lambda$ で表現される。生起率 $\lambda$ が時間に対して一定値をとる場合には，時間 $[0, t]$ に生起する呼数は $\lambda t$ である。この場合は，呼がランダムに生起することを意味する。

時間間隔 $t$ の間に $k$ 個の呼が発生する確率は次式で表される。この呼は，平均 $\lambda t$ のポアソン分布に従うポアソン呼である。

$$p(k, t) = \frac{(\lambda t)^k}{k!} e^{\lambda t} \tag{10.5}$$

加わる呼量を $a$〔erl〕とし，保留時間が指数関数分布に従っているとすると，呼損率 $B$ を満足する回線数 $S$ は，つぎのアーラン $B$ 式で与えられる。回線交換ネットワークにおける回線数はサーバ数に等価である。

$$B = \frac{\dfrac{a^S}{S!}}{\displaystyle\sum_{k=0}^{S} \dfrac{a^k}{k!}} \equiv E_S(a) \tag{10.6}$$

ここで，呼損率 $B$ とは {(システムに加えられた呼量) − (出線の運ぶ呼量)} / (システムに加えられた呼量) である。呼損率をパラメータにした場合の

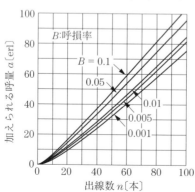

図 10.5 出線数と呼量の関係[3]

10.5 パケット通信のトラヒック設計　　*171*

出線数と呼量の関係を**図 10.5**に示す。

# 10.5　パケット通信のトラヒック設計

パケット通信においては，待ちが許されているため，回線が占有されている
だけでは呼損は発生しない。待ち時間がトラヒック設計の基本的なパラメータ
である。

パケットの損失は，待ちが収容されているバッファ（待合室）のサイズが有
限であるため，そのサイズ以上の待ち行列が発生した場合に，そのサイズを超
えるパケットは失われる。あるいは，ネットワーク内の転送途中で訂正不可能
な符号誤りが発生し，宛先情報が不正確なものとなり，正しい宛先まで届かな
い場合に発生する。

サーバがすべて占有されている場合に，新たに生起した呼がサービスを受け
るまで待ち合わせるモデルを考える。待ち呼数に上限がない（待合室無限大）
待時系は，ケンドール表現を用いて，$M/M/S$ モデルと表現される。この系
は，「生起分布がランダム/保留時間分布ランダム/サーバ数 $S$」の無限待合室
を持つ系を表している。生起率 $\lambda$，終了率（サービス率）$\mu$ とする。終了率 $\mu$
は，平均保留時間 $h$ を用いて，次式で定義される。

$$\mu = \frac{1}{h} \tag{10.7}$$

平均待ち呼数を $L$，呼の待合室内の平均滞留時間を $W$ とするとつぎのリト
ルの公式が成立する。

$$L = \lambda W \tag{10.8}$$

リトルの公式によれば，呼の到着率と平均待ち数がわかれば，平均保留時間
を知ることができることを意味する。リトルの公式を**図 10.6**に示す[1]。

発生した呼が待合せに入る確率である待ち率 $p_W$ は式(10.9)で与えられる。
この式はアーラン $C$ 式と呼ばれる。

## 10. トラフィックエンジニアリング

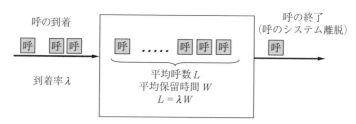

図 10.6 リトルの公式

$$p_W = \sum_{r=S}^{\infty} p_r = \frac{a^S}{S!} \frac{S}{S-a} \quad p_0 = \frac{SE_S(a)}{S-a[1-E_S(a)]} \tag{10.9}$$

平均待ち呼数 $L$ は

$$L = \sum_{r=S}^{\infty} (r-S) p_r = \frac{a^S}{S!} p_0 \sum_{r=0}^{\infty} r\left(\frac{a}{S}\right)^r = \frac{a}{S-a} p_W \tag{10.10}$$

平均待ち時間 $W$ は，リトルの公式より，平均保留時間 $h$ を用いて

$$W = \frac{L}{\lambda} = p_W \frac{h}{S-a} \tag{10.11}$$

したがって，$\rho = \lambda/S\mu = a/S$ とすると

$$\frac{L}{p_W} = \frac{\rho}{1-\rho} \tag{10.12}$$

ここで，$\rho$ はサーバ 1 台当りの使用率である。

サーバが 1 台の場合の $M/M/1$ モデルでは，つぎの基本関係式が得られる。

$$p_W = \rho \tag{10.13}$$

$$L = \frac{\rho^2}{1-\rho} \tag{10.14}$$

$$W = \frac{\rho h}{1-\rho} \tag{10.15}$$

$$\rho = \frac{\lambda}{\mu} \tag{10.16}$$

$M/M/1$ モデルの平均待ち時間を図 10.7 に示す[2]。利用率 $\rho$ が 1 に漸近するにつれて平均待ち時間が急激に増大することがわかる。

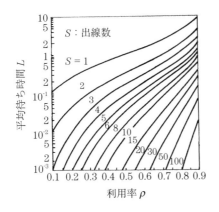

図 10.7 $M/M/1$ モデルの平均待ち時間

## 10.6 大群化効果と分割損

出線数と出線使用率の関係を図 10.8 に示す[1]．回線数が多くなるにつれて，1 回線当りの運ぶことができる呼量が増加していることがわかる．この現象は，回線数が多くなると効率が向上することから，大群化効果と呼ばれる．逆に，回線を複数の群に分割すると運べる総呼量は，全回線を一つの群として扱うよりも減少することになる．この現象は分割損と呼ばれる．

パケット通信の場合には，処理速度が $1/\mu$ である高速サーバ 1 台と，処理

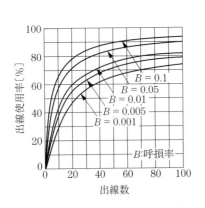

図 10.8 出線数と出線使用率の関係

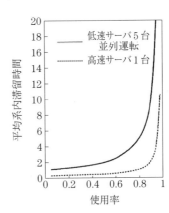

図 10.9 単独高速サーバと 5 台の並列低速サーバの待ち時間特性

速度が $1/S\mu$ であるサーバ $S$ 台の待ち時間性能が大群化効果のモデルである。$S=5$ の場合の単独高速サーバ（処理時間 $1/\mu$）と 5 台の並列低速サーバ（処理時間 $1/5\mu$）の待ち時間特性を**図 10.9** に示す[4]。

パケット通信の待時系の場合も，1 台の高速サーバを用いたほうが，複数の低速サーバの並列運転より待ち時間が少ないことがわかる。

# VoIP と次世代ネットワーク NGN

## 11.1 IP 電話

　公衆交換電話ネットワーク（PSTN：public switched telephone network）によって提供される電話サービスは，一般加入電話サービスと呼ばれる。PSTN は回線交換ネットワークである。これに対して，インターネットの普及に伴いパケットネットワークである IP ネットワークによって電話サービスも提供され，これを IP 電話サービス，あるいは，インターネット電話サービスと呼ぶ。
　「インターネット電話サービス」は，電話以外の一般的なインターネットアプリケーションを提供する IP ネットワーク，すなわち，インターネットによって提供される音声電話サービス，「IP 電話サービス」はネットワークの一部，あるいは全部において IP プロトコルを利用して提供する音声電話サービスをさす（ITU-T の定義による）。ここでは，総称して IP 電話と呼ぶことにする。
　ADSL，ケーブルテレビ，FTTH などのブロードバンドインターネットアクセスにより，音声信号や動画信号などのストリーミング信号の転送が可能になったことにより IP 電話サービスは，普及した。日本の IP 電話の普及状況を図 11.1 に示す[1]。
　IP 電話は，最初は，Web 上の，無料の PC-PC 間の電話サービス（1994 年，Firetalk，Phonefree など）として提供された。その後，商用の電話-PC 間の電話サービス（1996 年，Net2phone，DialPad など），あるいは電話-電話間

## 11. VoIPと次世代ネットワーク NGN

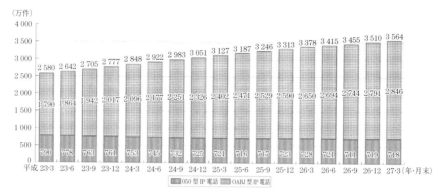

〔注〕 過去の数値については，データを精査した結果を踏まえ修正している。

図11.1 日本のIP電話の普及状況

(1997年，Speak4free，I-link など）の中継回線に IP ネットワークを使用する形態として発展した。

1997年から日本の IP 電話サービスは，国内・国際中継ネットワークに専用の IP ネットワークを使用する IP 電話サービスとして開始された。2001年以降，ADSL，FTTH，ケーブルなどのブロードバンドアクセス回線の導入が進み，IP 電話サービスが普及している[2]。

## 11.2 電話番号計画と IP アドレス

電話番号は ITU-T 勧告 E.164 において番号計画が規定されている（1.3節参照）。この番号計画の枠組みに基づき，国番号を除いて各国が番号の割当てを行っている。

日本では，従来の電話番号体系との整合性や，ユーザにとっての使いやすさなどを考慮し，一般加入電話から IP 電話（IP ネットワークに直接接続されている端末）にダイヤルするための番号として，「050」から始まる11桁の番号を使用することが定められた。従来は，IP 電話から固定電話へ発信のみ可能であったが，「050」から始まる11桁の番号が定められたことにより，制度上は固定電話から IP 電話への発信も可能となった[3]。2003年10月より，固定電

話から IP 電話への着信サービスが開始された。

さらに，固定電話と同等の「0AB～J」で始まる番号についても，品質が固定電話並みであること，設置場所と番号の対応がとれていることなどを条件に，IP 電話番号として割り当てられ，図 11.1 のように広く普及した。

設置場所に関する条件はつぎの理由による。例えば固定電話の緊急通信の場合，110 番通報すると管轄都道府県警察本部に接続される。IP 電話の場合には，IP ネットワークが都道府県単位の構造を持っていないため，対応がとれていない。設置場所と番号の対応がとれていることが既存の緊急通信で行われている回線保留や呼び戻しの際に必要となる[4]。

## 11.3 IP 電話番号と IP アドレス変換

IP 電話の接続形態としては以下の三つがある。
(a) PSTN に接続された固定電話端末どうしの通話において，中継部分のみを IP ネットワークで置換
(b) IP ネットワークに直接接続された IP 電話端末どうしの接続
(c) PSTN に接続された固定電話端末と IP ネットワークに直接接続された IP 電話端末の相互接続

IP 電話の基本接続形態を図 11.2 に示す。

これらのバリエーションとして，VoIP アダプターを介して IP ネットワークに接続する固定電話端末を用いる形態もある。

形態 (c) の固定電話発信の場合には，IP 電話に電話番号が必要である。この電話番号を基に，IP ネットワーク内をルーチングする必要がある。この目的のためのプロトコルの一例として，ENUM（telephone number mapping）がある。

ENUM による固定電話発信 IP 電話着信の場合の動作例を図 11.3 に示す。ENUM サーバが IP 電話番号から ENUM アドレスに変換する。DNS サーバがこの ENUM アドレスを URI（uniform resource identifier，ユニフォームリソ

178    11. VoIPと次世代ネットワークNGN

（a）固定電話相互

（b）IP電話相互

（c-1）固定電話とIP電話（IP電話発信）

（c-2）固定電話とIP電話（IP電話着信）

図11.2 IP電話の基本接続形態

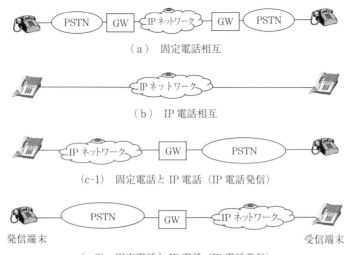

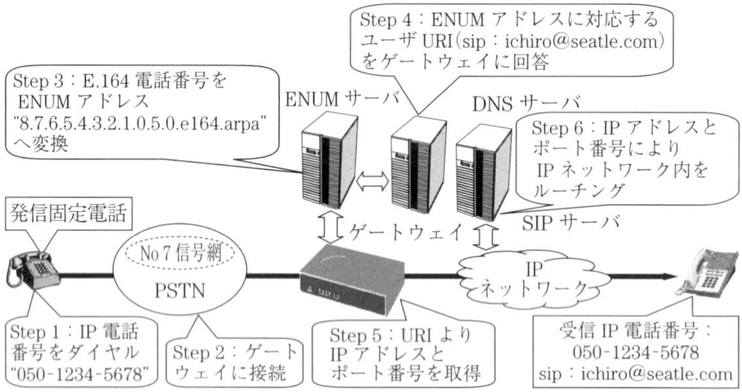

図11.3 ENUMによる固定電話発信IP電話着信の場合の動作例

ース識別子）に変換し，SIP（session initiation protocol）サーバがIPアドレスに変換し，IPネットワーク内のルーチング情報として使用する。URIはURL（uniform resource locator）の拡張であり，Web，電子メールアドレス，FAXなどすべてのメディアに使用できる。

## 11.4 IP電話の基本構成

　IP電話の基本構成要素は，IP電話端末，VoIPゲートウェイ，IPネットワーク，VoIPサーバおよびアドレス情報データベースである．図11.4にIP電話の基本構成を示す．

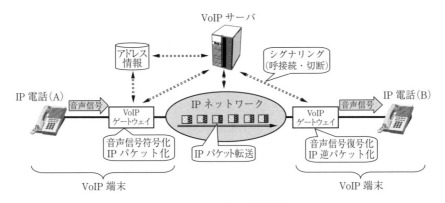

図11.4　IP電話の基本構成

　IP電話は，従来の電話と異なり，サービス実現技術は一通りではない．例えば，IP電話端末とVoIPゲートウェイを統合したものは，直接IPネットワークに接続される．あるいは，アドレス情報をVoIPサーバが保持する構成もあり，またVoIPゲートウェイが保持する場合もある．

　呼制御信号も，後述するH.323とSIPがおもに使用されているが，企業ネットワークなどの私設網では，これら以外の呼制御信号も使用されている．

　① **IP 電 話**　発呼・切断情報の発信機能を持つ．従来の電話端末が広く使用されている．

　② **VoIP ゲートウェイ**　音声信号のディジタル符号化および復号化，音声ディジタル信号のIPパケット化と逆パケット化による音声ディジタル信号の再合成機能を持つ．①のIP電話機能と統合したVoIP端末として実装することもある．

**180**    11. VoIP と次世代ネットワーク NGN

③　IP ネットワーク　　パケット化された音声信号転送とシグナリング情報転送機能を持つ。シグナリング情報転送は情報の正確性に対する要求条件が厳しい。そのためシグナリング情報転送には TCP が採用されている。音声信号は，リアルタイム性が必須なので UDP による転送が行われる。音声以外のアプリケーションが共存する場合には，音声パケットの優先処理などの機能も必要である。

④　VoIP サーバ　　ユーザの電話番号や VoIP ゲートウェイ識別アドレス，すなわち，「VoIP 端末識別情報」と「IP アドレス，URL などの IP ネットワーク上のアドレス，アプリケーション識別情報」との関係の管理機能と，呼接続，および，呼切断のための VoIP ゲートウェイ制御機能を持つ。

　IP ネットワークには，ネットワークコネクション，すなわち，回線，が存在しない。また，IP 電話では，リアルタイム性の要求から UDP によって転送するためトランスポート層のコネクションも存在しない。したがって，それらに代わるセッションを，回線に擬似して，設定・維持・終了する。

## 11.5　プロトコルモデル

　IP 電話は，コネクションレス型 IP ネットワーク上で，リアルタイムの双方向ストリーミング型連続情報である音声信号を転送する。

　リアルタイム性が必要なことから，トランスポート層は UDP を使用し，RTP（real-time transport protocol，リアルタイムトランスポートプロトコル）をその上位層に使用する。音声信号転送制御プロトコルは RTCP（RTP control protocol，RTP 制御プロトコル）が一般的に使用される[5]。

①　RTP　　RTP は，単独で使用されることはなく，UDP と対で用いられる。データ情報種別（音声や映像など），パケット順序保存およびパケット欠落検知のためのシーケンス番号，実時間性をサポートするためのタイムスタンプ機能を持つ。

②　RTCP　　RTCP は，フロー制御を行う。また，セッション情報識別，

通信中の定期的なデータ配送情報を送受信端末間で交換する．RTPはフロー制御機能を持たないUDP上に実装されるために，RTCPのこれらの機能が必要である．

IP電話のプロトコル基本構成を図11.5に示す．

IP電話の呼制御プロトコルとしてH.323とSIPがおもに使用されている．H.323とSIP間には互換性はない．SIPとH.323の概要を表11.1に示す[6],[7]．

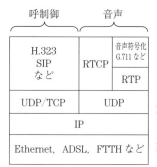

RTP：real-time transport protocol,
　　　リアルタイムトランスポートプロトコル
PTCP：RTP control protocol,
　　　RTP制御プロトコル

図11.5　IP電話のプロトコル基本構成

表11.1　SIPとH.323の概要

|  | 目　的 | 特　徴 | 仕　様 |
|---|---|---|---|
| SIP | インターネット上でIP電話に関する手順を規定 | IPとの親和性が高いテキストベース動作が軽い | IETF RFC3261 (1999/2002) |
| H.323 | ISDNシグナリングをベースに，オーディオビジュアル通信に必要な手順を規定．IP電話はアプリケーションの一つ | ISDNとの親和性が高いバイナリコード機能が豊富 | ITU-T H.323 (1996/2000) |

## 11.6　H.323制御プロトコル

〔1〕基本要素と機能

H.323は電話信号方式をベースに，複数のプロトコルで構成される．H.323

は通常の電話などの1対1の通信，および，テレビ会議など，多地点通信も提供する。

H.323の構成要素は，H.323端末（IP電話の場合には電話端末），H.323ゲートウェイ（GW），H.323ゲートキーパ（GK）である。多地点間通信の場合には，H.323多地点間通信制御ユニット（MCU）が必要である。

H.323の呼設定手順は，エンドポイント（エンドノード）の登録，呼受付許可，チャネル設定，宛先エンドポイントの持つ音声符号化プロトコルや，可能なアプリケーションなどの通信能力交換，通話，チャネル解放からなる。

〔2〕 呼設定手順

H.323によるIP電話呼設定手順を図11.6に示す。

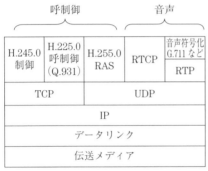

図11.6 H.323によるIP電話呼設定手順

H.323によるIP電話プロトコルモデルを図11.7に示す。また，IP電話プロトコルの機能を表11.2に示す。

具体的なH.323の呼設定手順には，（1）ダイレクトシグナリング，（2）ゲートキーパダイレクトシグナリング，（3）ゲートキーパ経由シグナリングがある。

（1） ダイレクトシグナリング

H.323ゲートウェイがアドレス情報を保持する。呼設定はH.323ゲートウェイがエンドツーエンド間で行う。手順は以下のとおりである。

## 11.6 H.323 制御プロトコル

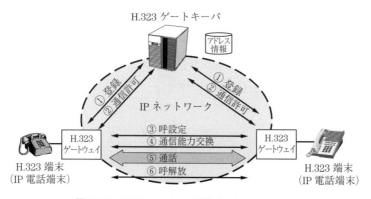

**図 11.7** H.323 による IP 電話プロトコルモデル

**表 11.2** H.323 による IP 電話プロトコルの機能

| プロトコル | 規定対象 | 内　容 | トランスポートプロトコル |
|---|---|---|---|
| H.225.0 RAS 制御 | ゲートキーパ-端末間の手順 | 電話番号から IP アドレスへの変換，端末の申告帯域許可など | UDP |
| H.225.0 呼制御 (Q.931) | 端末-端末間の呼接続手順 | 呼設定，解放手順 | TCP |
| H.245 制御 | 端末-端末間の通信能力交換手順 | 音声符号化方式，音声パケット送出間隔などの情報を交換 | TCP |
| RTP | 端末-端末間の音声（映像）伝達手順 | 音声（映像）信号パケットフォーマットを規定 | UDP |
| RTCP | 端末-端末間の音声（映像）伝達制御 | ネットワーク状態把握のための情報の交換手順 | UDP |

① 電話番号をダイヤルすると，ゲートウェイが保持するアドレス情報から宛先の IP アドレスを取得する。

② ゲートウェイは，H.225.0（Q.931）手順により，ゲートウェイ間に呼設定を行う。

③ H.245（パケット多重マルチメディア通信プロトコル）によりロジカルチャネルを設定する。

④ ロジカルチャネル上で音声パケットを転送する。

ダイレクトシグナリングではゲートキーパは不要である。端末の増設の際に

は，すべてのゲートウェイが保持するアドレス情報を更新する必要がある。ゲートキーパが不要なため設置が容易であり，小規模な用途に適している。

（2）ゲートキーパダイレクトシグナリング

ゲートキーパダイレクトシグナリングでは，アドレス情報を H.323 ゲートキーパが保持する。

エンドポイントが，通信開始に先立って，ゲートキーパにエンドポイントの登録，宛先エンドポイントへの通信許可，宛先エンドポイントが通信中でないかの問合せを，H.225.0 RAS 制御手順に従って行う。

この後の手順はダイレクトシグナリングと同じである。

ゲートキーパダイレクトシグナリングの呼設定手順を図 11.8 に示す。

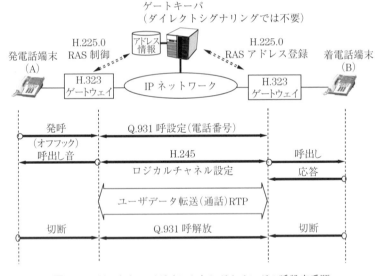

図 11.8　ゲートキーパダイレクトシグナリングの呼設定手順

H.323 プロトコルは，電話信号方式をベースに 1 対 1 型および多対地通信型マルチメディア通信のために開発された。したがって，電話サービス以外にも，IP テレビ電話サービスやテレビ会議サービスなどの用途にも使用可能である。

（3）　ゲートキーパ経由シグナリング

ゲートキーパ経由シグナリングは，すべての手順にゲートキーパが関与する。

シグナリングに関する機能をゲートキーパが集中管理するため，キャッチフォンなどの付加サービスの提供が可能であるなど，機能拡張に対する柔軟性が大きい。

具体的な手順は，ゲートキーパダイレクトシグナリングと同様である。

## 11.7　SIP

〔1〕　基本要素と機能

SIP はクライアント・サーバ間のセッション開始のためのプロトコルである[7]。

SIP はインターネット技術との親和性が高く，テキストベースで処理が軽く，また，実装が容易などの特長を持っている。日本の IP 電話は，SIP が主流である。

SIP の機能要素は，UA（ユーザエージェント，エンドノード，端末と同じ），SIP プロキシサーバ，SIP ロケーションサーバである。

SIP プロキシサーバは IP パケットの転送を管理し，SIP ロケーションサーバはアドレス解決を行う。この構造は，インターネットのアプリケーションサーバと DNS が分離している構造と同じ考え方に基づいている。

SIP による IP 電話のプロトコルモデルを図 11.9 に示す。

各プロトコルの機能はつぎのとおりである。

・SDP（session description protocol，セッション記述プロトコル）　　セッション名，セッション識別子，セッション開始時刻，セッション終了時刻，メディア種別，コーデック種別などを記述するためのプロトコル

・SCTP（stream control transmission protocol，ストリーム制御伝送プロトコル）　　TCP よりも信頼性の高いコネクション型プロトコル

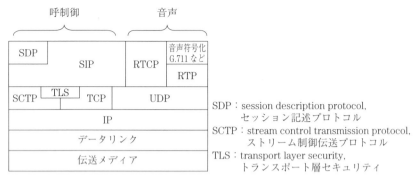

図 11.9　SIP による IP 電話のプロトコルモデル

・TLS（transport layer security，トランスポート層セキュリティプロトコル）　呼制御で特にセキュリティが必要な場合に指定されているプロトコル

〔2〕　呼 設 定 手 順

最も単純な構成の SIP による IP 電話呼設定手順の例を図 11.10 に示す。

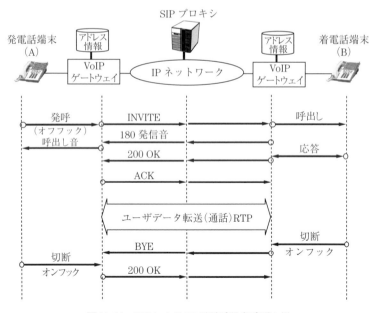

図 11.10　SIP による IP 電話呼設定手順の例

11.7 SIP 187

SIP では，呼設定のための制御機能要素をメソドとして規定している。基本メソドはつぎのとおりである。

・INVITE　　UA 間のセッション確立

・ACK　　INVITE の最終応答受信確認

・BYE　　セッション終了

・CANCEL　　セッション確立途中の INVITE 終了

・OPTIONS　　UA から他の UA，プロキシサーバへの能力問合せ

・REGISTER　　UA の現在位置情報を登録サーバに登録

また，応答としてつぎが規定されている。

・180 発信音　　リクエスト受信および発信音送出中

・200 OK　　リクエスト成功

表 11.3　URI の例

| URL 種別<br>（スキーム） | URL 表記例 | 表記の内容 | RFC |
|---|---|---|---|
| http | http://www.kogakuin.ac.jp/ | HTTP | RFC2616 |
| ftp | ftp://ftp.rfc-editor.org/in-notes/rfc3987.txt | ファイル転送プロトコル | RFC959 |
| mailto | mailto:Webmaster@ISO.ORG | ISOC の Web 管理者の<br>メールアドレス | RFC2368 |
| tel | tel:+81 3 1234 5678 | 電話番号 | RFC2806 |
| URN<br>名前識別子<br>（NID）例 | URN 表記例 | 表記の意味 | RFC |
| ietf | urn:ietf:rfc:3987 | IETF RFC3987 | RFC2648 |
| isbn | urn:isbn:4-8076-0440-6 | 書籍：情報通信と標準化-テレコム・インターネット・NGN- | RFC3187 |

〔注〕RFC2616：Hypertext Transfer Protocol-
　　　　　　　HTTP/1.1
　　　RFC2368：The mailto URL scheme
　　　RFC2648：A URN Namespace for IETF
　　　　　　　Documents
　　　RFC2396：Uniform Resource Identifiers
　　　（URI）：Generic Syntax

RFC959：File Transfer Protocol
RFC2806：URLs for Telephone Calls
RFC3187：Using International Standard
　　　　　Book Numbers as Uniform
　　　　　Resource Names

**188**　　11．VoIP と次世代ネットワーク NGN

　H.323 が電話信号方式をベースに開発されたものであるのに対し，SIP はインターネットをベースに開発された。したがって，インターネットアプリケーションとの親和性がよいため，新しいサービスの可能性がある。SIP では，URL に代わり URI を規定している。URI は，通信リソースを識別するためのアドレスである。宛先リソースの指定を場所によって行うものが URL，名前によって行うものが URN（uniform resource name）である。URI の例を**表11.3** に示す。URI は電子メールアドレスや WWW のアドレスとしても使用できる。

## 11.8　NGN の背景と狙い

〔1〕　テレコムネットワークとインターネットから NGN へ

　1990 年代半ばまでは，電話サービスを中心として発展してきたテレコムネットワークと，ホストコンピュータを情報通信端末とするインターネットとは，ほぼ独立に発展してきた。

　ディジタル技術の進歩により，テレコムネットワークがダイヤルアップによるインターネットアクセスを提供し，ブロードバンドインターネットアクセスの普及により，インターネットは電話音声や動画像などのリアルタイム型およびストリーミング型情報サービスの提供が可能となった。

　テレコムネットワークは，コネクション型ネットワークをベースにしているため，品質が保証され，信頼性も高い。通信料金は使用量に対して課金される従量制が一般的である。これに対して，インターネットは，コネクションレス型パケットネットワークであり，品質保証は困難であるが，使用量に無関係に一定の通信料金を設定する定額制が一般的である。

　コネクション型回線ネットワークは，通信品質は保証され信頼性が高い。一方，コネクションレス型パケットネットワークは品質の保証はされないが，パケットの高速処理が可能であればストリーミング型の連続情報の転送も可能であり，さらに，さまざまな帯域とさまざまな通信モードの提供が可能であるた

め，柔軟性に優れている。

ブロードバンドインターネットでは，音声，動画像，テキスト，データなどのさまざまなナローバンドおよびブロードバンド情報メディアをストリーミング型，会話型，検索型などの通信形態で柔軟に提供する。一方，テレコムネットワークは，リアルタイムで品質保証された高信頼の通信サービスを提供する。

電話ネットワークとインターネットからNGNへの統合発展経緯を図11.11に示す。

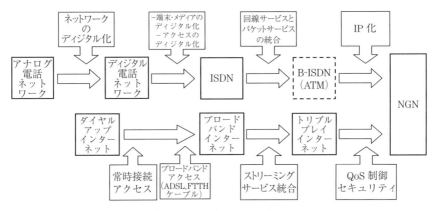

図11.11 電話ネットワークとインターネットからNGNへ

ブロードバンドサービスを除くと，電話ネットワークとインターネットの提供するサービスに大きな違いはない。

電話ネットワークとインターネットのネットワークの展開とアプリケーションの発展を図11.12に示す。

〔2〕 NGNの狙い

NGNは，テレコムネットワークと同様に，品質制御が可能であり，かつ，インターネットの柔軟性を兼ね備えたネットワークとして構想された[8],[9]。

また，有線ネットワークと無線ネットワークを統合（FMC：fixed mobile convergence）し，かつ，携帯電話よりも広い意味で移動性とローミングを提

190    11. VoIPと次世代ネットワークNGN

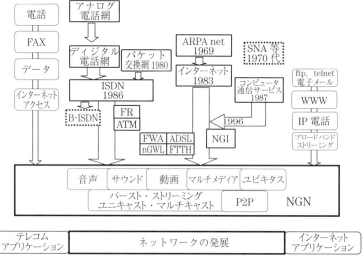

FR：frame relay，FWA：fixed wireless access，nGWL：n-th generation wireless，
B-ISDN：broadband aspects of ISDN，NGI：next generation Internet

図11.12　ネットワークの展開とアプリケーションの発展

供する。すなわち，水平方向のローミングとともに，垂直方向のローミングを可能とするものである。

　水平方向のローミングとは，同じ種類のネットワーク間を渡ることを意味する。すなわち，携帯電話事業者Aのネットワークから同様なサービスを提供している携帯電話事業者Bのネットワークに移動しても通信を継続可能とするもの。あるいは，国をまたがって同様に通信を可能とすることをいう。垂直方向のローミングとは，企業内の内線電話端末を企業外で使用するときは通常の携帯電話として使用可能であり，無線LANによるアクセスが可能な場合には，その無線LANを経由して，通信を可能とすることを意味する。すなわち，異種のネットワーク間の渡りを可能とする。

　つまり，NGNの目的は，ブロードバンドで，QoS制御可能で，現存するあらゆる情報通信サービスを提供することであり，かつ，将来に想定されるサービスの提供も可能とする，発展的な情報通信プラットホームの実現である[9]。

　NGNの狙いは，さまざまなサービスを，単一のコンセプトに基づくネット

ワークプラットホームで提供することであるが，ネットワーク事業者の視点からの利点は以下のとおりである。

① 電話ネットワークのIP化により，建設コストを節減できる。また，単一プラットホームにすることにより，柔軟なネットワーク運用が可能となり，ネットワーク運用コストも削減できる。

② 情報通信サービスは，現状では，電話が主流であるが，今後のブロードバンド・ユビキタス通信サービスへの移行と発展に対応可能である。

③ 移動通信と固定通信の融合（FMC）と，電話サービス，インターネットサービス，放送サービスの，いわゆる，トリプルプレイサービスを提供することが可能である。

ユーザの視点からの利点は以下のとおりである。

① 従来の携帯電話の利便性を超える，より汎用的な移動性を持つ電話サービスを享受できる。すなわち，携帯電話と固定電話間の自由なローミング，国際・国内ローミングなど，どこでもいつでも使用できる電話サービスが可能となる。

② 単一のネットワークアクセスから，電話サービス，インターネットサービス，放送サービスの，いわゆるトリプルサービスを享受できる。

③ テレビ電話や遠隔医療などのブロードバンドサービスやICタグ（RFID）によるユビキタス通信サービスが享受できる。


## 11.9　NGNの概要と基本構造

### ■ NGNとインテリジェントネットワーク

　NGNの基本転送機能は，サービス提供に柔軟性を持たせるためにIPをベースとするパケット転送機能とする。さらに，インターネットではIP転送機能とアプリケーション機能が必ずしも独立ではなかったが，NGNでは，QoS制御を可能とするため，転送機能とサービス関連機能とは独立とする。NGNにおけるトランスポート機能と，サービス関連機能との分離構造を**図11.13**に示

## 11. VoIP と次世代ネットワーク NGN

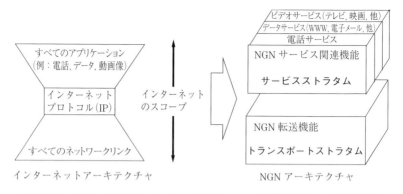

図 11.13 NGN におけるトランスポート機能とサービス関連機能との分離構造[10]

す[10]。

転送機能をつかさどる機能群は，トランスポートストラタム，サービス関連機能はサービスストラタムと呼ばれる。ストラタムはレイヤと同義語であり，階層を意味する。しかし，OSI の 7 階層モデルのレイヤ（階層）概念とは一致しないため，特にストラタムと呼ばれる。

インテリジェントネットワーク（IN：intelligent network）は，転送機能とサービス制御機能を分離することにより，新サービスの提供を迅速に，かつ容易にすることなどを目的とし，電話ネットワークに導入された。

インテリジェントネットワークのアーキテクチャは，加入者線交換機間のシグナリング情報転送は共通線信号ネットワークを用い，交換機の接続制御はネットワーク共通のサービス制御機能（SCP：service control point）が行う。個々の交換機は，インテリジェントネットワークでは，SCP からの制御により経路制御のみに専念する SSP（service switching point，サービス交換機能）として機能する。すなわち，インテリジェントネットワークは，電話ネットワークをネットワーク内共通のサービス制御機能と，電話基本サービスのみを提供するトランスポート機能に分離したものである。インテリジェントネットワークの構成例を，図 11.14 に示す。この機能分離によって，サービス制御機能のソフトウェアを容易に追加でき，新規サービスの迅速な追加提供（service

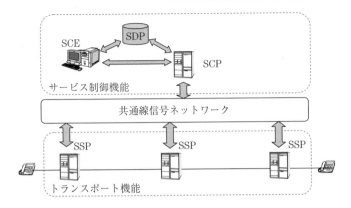

SSP：service switching point，サービス交換機能
SDP：service data point，サービスデータ機能
SCP：service control point，サービス制御機能
SCE：service creation environment，サービス生産環境

図 11.14　インテリジェントネットワークの構成例

creation）を可能にしたものである。

例えばフリーダイヤルサービスを新たに提供するためには，SCP にフリーダイヤルの番号翻訳機能を実装し，全国規模で新サービスを迅速に導入することが可能となる。

## 11.10　NGN アーキテクチャ

NGN アーキテクチャを図 11.15 に示す[11]。NGN のトランスポートストラタムとサービスストラタムの分離は，インテリジェントネットワークのサービス制御機能とトランスポート機能の分離概念に近い。

NGN の基本機能ブロックは，トランスポートストラタム，サービスストラタムからなり，UNI，NNI（network to network interface），ANI（application network interface），SNI（service network interface）の四つのインタフェースが定義される。

・UNI　エンドユーザ機能（端末）と NGN のインタフェース

## 11. VoIPと次世代ネットワークNGN

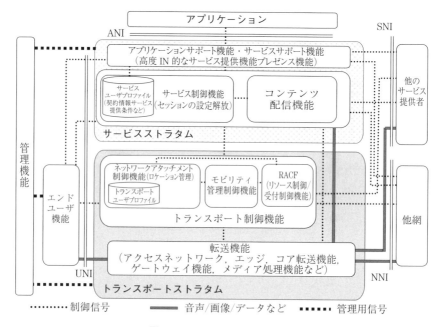

図11.15 NGNアーキテクチャ

- NNI　他のネットワーク（他のNGNおよびNGN以外のネットワーク）とのインタフェース
- ANI　アプリケーションとサービスストラタムとのインタフェース
- SNI　他のサービス提供者とのインタフェース

　ANIは，IP電話，プレゼンスサービスやテレビ会議などのアプリケーションを提供するサーバ群とNGNとのインタフェースである。エンドユーザ機能は，端末あるいはユーザ宅内LANなどに接続された端末群をさす。

　ANIは，NGNと制御信号のやりとりのみをサポートするのに対して，SNIは制御信号および音声/画像/データなどのメディア信号のやりとりをサポートする。

　国によって異なる情報通信の規制に関わらない技術仕様を可能とすることが，NGNのアーキテクチャへの要求条件の一つである。そのために，アクセスは，ネットワークアクセスとサービスアクセスを独立とした。それぞれのアクセスは複数の競合プロバイダが提供する。ユーザはプロバイダを自由に選択

しアクセスする。

また，NGN のアクセスは，固定有線アクセスと無線アクセスの双方を自由に往き来できる汎用移動性（versatile mobility）を提供する。

IC タグ(RFID)などを端末とする，ユビキタス通信の提供も可能とする。すなわち，NGN はセンサネットワークとしての機能も持つ。

〔1〕 トランスポートストラタム

① トランスポート制御機能　転送系を管理し，転送資源の空き状況に応じて，通信の受付可否判断を行う資源・受付制御機能（RACF：resource and admission control function）と，端末の認証およびアドレス割付けなどを実行するネットワークアタッチメント機能がある[12]。

インターネットが通信品質制御・管理を行わないのに対して，NGN は，RACF によって通信品質保証を行う。

② 転送制御機能　アクセスネットワーク機能は，端末とコアネットワークとの接続機能を提供する（4.1 節参照）。

エッジ機能は，コアネットワークのエッジにおいて，IP パケットのコアネットワーク内への流入可否を判断する。

コア転送機能は，通信相手端末までの経路選択および情報転送を担う。

ゲートウェイ機能は，PSTN および他の NGN を含むすべての他のネットワークとの相互接続を提供する。

メディア処理機能は，ネットワークから端末へ向けて，必要な音声情報（音声アナウンス，音声ガイダンス），会議型通信の音声ブリッジ機能などのメデ

---

**勧　　　告**

ITU 勧告（ITU Recommendation）は，その名のとおり「お勧め」であり，この規定に従わなくても特に罰則があるわけではない。しかし，規定に従わないということは，世界の少数派になること，勧告に準拠している機器との相互互換性などを満足しない可能性があることなどの理由から，実質的には「お勧め」以上の存在である。さらに，WTO/TBT 協定（1995，世界貿易機構）により，貿易において障壁となる非標準仕様を排除し，国際交易の対象は世界標準に従うことがうたわれて以来，公的な標準の地位はさらに堅固なものとなった。

ィア処理を実行する。

③　**トランスポートユーザプロファイル**　　トランスポートサービスのユーザの登録・抹消管理，利用可能なサービスリスト，サービス利用条件などのユーザデータベースである。

〔2〕　**サービスストラタム**

①　**サービス制御機能**　　セッション設定・解放機能を提供する。SIP サーバが実現例である。

②　**アプリケーションサポート機能・サービスサポート機能**　　インテリジェントネットワーク的なサービスおよびプレゼンスサービスを提供する。

③　**サービスユーザプロファイル**　　ユーザの加入サービスの契約条件，サービス提供条件などのユーザ管理のためのサービスに関わるデータベースである。

## 11.11　NGN の構成例

サービス制御機能の実例として IMS（IP multimedia subsystem）がある。IMS は，もともと，第 3 世代携帯電話（3GPP, third generation partnership project）におけるマルチメディア通信提供のためのシステムである。この IMS を NGN に適合するように，機能拡張を図ったものである。

IMS をベースとする NGN の構成例を図 11.16 に示す。IMS は，S-CSCF（serving-CSCF），I-CSCF（interrogating-CSCF），P-CSCF（proxy-CSCF）と呼ばれる CSCF（call session control function, 呼セッション制御機能）SIP サーバ群から構成される。

S-CSCF は，サービスを提供する中心的なサーバであり，ユーザ認証を行う。また，サービスを提供するアプリケーションサーバへメッセージを転送する。

I-CSCF は，ユーザが IMS に登録する際につぎに述べる P-CSCF から SIP 登録メッセージを受信して適切な S-CSCF へルーチングする機能を提供する。

## 11.11 NGN の構成例

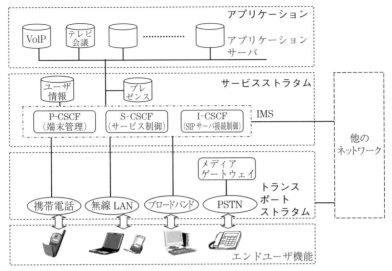

IMS：IP multimedia subsystems　　CSCF：call session control function
S-CSCF：serving-CSCF　　　　　　 I-CSCF：interrogating-CSCF
P-CSCF：proxy-CSCF　　　　　　　 PSTN：public switched telephone network

図 11.16　IMS をベースとする NGN の構成例

　P-CSCF は，ユーザ端末と直接メッセージをやりとりする SIP サーバである。

# 12章 将来のネットワーク

## 12.1 データセンタネットワークとSDN

〔1〕 データセンタでの仮想化技術

今後のネットワークの課題として,まずデータセンタでの仮想化技術について述べる。

データセンタには,図12.1に示すように,CPUやメモリといった計算機資源(リソース)を提供する(計算機)サーバ群,大容量ハードディスク等のストレージリソースを提供するストレージサーバ群が配備され,サーバ群を接続するネットワークとしてイーサネットが利用されている。計算機サーバでは,

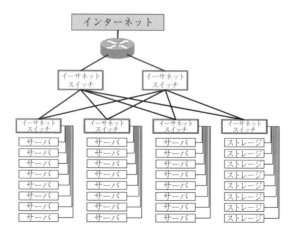

図12.1 データセンタの設備概要

仮想マシンである VM（virtual machine）が複数動作している。ユーザが利用できるのは VM であり，1 台の計算機サーバで動作する複数の VM に割り当てる CPU コア数やメモリ量の合計は 1 台の計算機サーバが持つ CPU コア数やメモリ量を上回ることも可能である。

VM の CPU コアに対して専用の物理 CPU コアを割り当てる場合を占有型，複数の VM CPU コアを物理 CPU コアに割り当てる場合を共有型という。共有型では，当然のことながら物理計算機サーバで稼働する VM CPU コア数と物理 CPU コア数の比により得られる性能が大きく変わってしまう。したがって，データセンタ事業者は，できるだけ性能差が変動しないように VM を生成させる物理計算機サーバをサーバ群から選択して負荷を均一にするほか，VM の削除により負荷の偏りが大きくなった場合には VM を移動させて能動的に負荷を均一化するため，動作中の VM を動作させながらの移動である VM ライブマイグレーション（図 12.2 参照）を実施する。

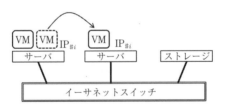

図 12.2　VM ライブマイグレーション

VM ライブマイグレーションは，占有型に対しても実行することが可能である。最近では，データセンタでの電力使用量（一説では，2012 年に全世界で 300 億 W，Google だけで 3 億 W）を削減するために積極的に VM ライブマイグレーションを実施し，負荷 0 となった物理計算機サーバの電源を落とすことで省エネルギー化を図っている。

一般的には VM に割り当てるストレージは数十〜数百 G バイトの容量となるためストレージサーバに配備し，VM とはネットワークを介して接続されている。したがって，VM ライブマイグレーションの際にも VM とストレージサーバとの接続関係さえ維持できていれば，VM でのアプリケーションの実行

に支障がない．それらの接続関係を維持するために，ネットワークとしてイーサネットを利用し，同一のレイヤ2ネットワーク内でVMを移動する際にレイヤ2も移動させる．ユーザはIPアドレスをベースにVMにアクセスしており，同一IPをVMに与えているので，VMのユーザアクセス用IPアドレスを変更する必要がなくなる．

VM間の接続，VMとストレージの接続は，ユーザ（テナントと呼ばれる）ごとに分離され，他テナントのデータにアクセスすることができないような高い秘匿性が求められる．これは，他の企業に重要ビジネス情報が読まれることがないことの必要性を考えれば容易に想像できるであろう．一般的には，イーサネットのVLAN（virtual local area network）を利用してテナントごとの専用ネットワークが提供される．図12.3にユーザネットワークの例を示す．

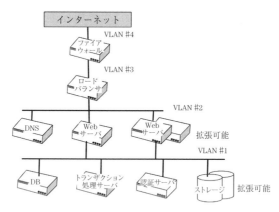

図12.3 ユーザネットワークの例（ECサイト）

この例ではテナントとして電子商取引（EC：electronic commerce）サイトが構築されている．ECサイトの利用者は，インターネットからフロントエンドであるWebサーバにアクセスして買い物を行う．バックエンドでは，利用者の認証を行い，買い物のトランザクション処理を行い，結果をデータベース（DB）に保存する．Webサーバ，DNS，DB，トランザクション処理サーバ，認証サーバはVM上で動作しており，利用者数の拡大に追従したり，プロ野

球の優勝記念セールのように一時的に利用者数の増加が予想される際にサーバの増強やストレージの追加ができるよう，クラウドサービスの IaaS（infrastructure as a service）が利用される．

IaaS 実現のための環境（プラットフォーム）として，OpenStack[†1] や CloudStack[†2] がフリーソフトウェアとして利用できる．これらのプラットフォームでは，VM の生成や接続を GUI（graphical user interface）からの手作業での設定や，API（application program interface）からのソフトウェアによる自動設定で実現できる．図 12.4 に IaaS プラットフォームのアーキテクチャを示す．

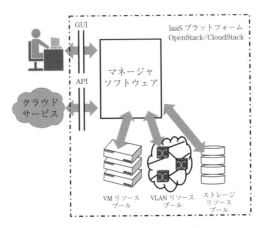

図 12.4　IaaS プラットフォームアーキテクチャ

VM，ストレージ，VLAN を組み合わせてテナントを自動生成することをオーケストレーションという．これは，いままではデータコムのリソースのサーバとかディスクのみだったが，ネットワークも同時にオーケストラのように協調しているので，その名が付いた．オーケストレーションによって，テナントの生成時間は 1 週間程度かかっていたのが 2～3 分程度となり，オンラインでの IaaS サービスが各種クラウドサービス事業者から提供されている．

---

†1　http://www.openstack.org/（2018 年 6 月 22 日現在）
†2　http://cloudstack.apache.org/（2018 年 6 月 22 日現在）

GUI は，ユーザが IaaS サービスを直接利用するために利用され，インターネット越しに Web ブラウザを利用してリソースの配備場所を意識することなく VM，ネットワーク，ストレージの設計を行うことができる。ユーザにとって利用できるものは仮想化されたリソースなので，ユーザにとっては隣接するつもりの VM であっても，VM が実際に配置されるサーバはデータセンタのリソースの状況により決定されるため，遠隔地のデータセンタに分かれて配置されることもあり得る。IaaS サービスによっては，配置されるデータセンタを指定させる，VM 間の遅延時間の上限を指定させるなど，ユーザの意向をある程度反映した設計を可能とすることでサービスの特色を出している。

API は，IaaS をサービスインフラストラクチャとして利用して，より上位のクラウドサービスを提供する SaaS（software as a service）や PaaS（platform as a service）システムからのインフラストラクチャ利用の自動化に利用される。つまり，SaaS や PaaS に使われるコンピュータリソースを，ネットワークのリソースと自動的にオーケストレーションして，インフラストラクチャリソースとして IaaS が提供される。このように，API を設けて，より上位のシステムに対してリソースプール（リソースの物理的位置を問わず，プールのように自由に使っていい構成をリソースプールと呼ぶ）として自身のサービスを再帰的に見せていけることがデータセンタでの仮想化技術の特徴である。

〔2〕 SDN

データセンタでのオーケストレーションでは，VM を中心としてイーサネットの VLAN 設定によってテナントが構築されている。ネットワークのリソースを仮想化させて，各テナントに提供することができれば，より高度なことが実現できる。そこで，オーケストレーションを，LAN 環境のみならずさまざまなネットワークに対して適用し，物理的なネットワークノードおよびリンクリソースからテナントが要求する仮想ネットワークを自動生成するためのプラットフォームを提供するものが，SDN（software defined networking）である。

一方，クラウド技術者を中心に，D-Plane をソフトウェアで実現することが

SDN であるとする考え方（狭義の SDN）がある。本書においては，仮想ネットワークを自動生成するためのプラットフォームを SDN と定義し，D-Plane はハードウェアでもソフトウェアでもよいという立場で SDN を紹介していく。

### ■ SDN アーキテクチャ

インターネットや IP ネットワークは，機器を接続し，ノード ID やネットワークアドレス等の最小限の設定を行い，隣接の装置間での情報交換で全体が動作する自律分散を中心的なアーキテクチャ原理としている。それに対して SDN は，分散ではなく集中制御のアーキテクチャを採用している。また，汎用ハードウェアの性能向上により，IP ルータ，イーサネットスイッチ，ファイアウォール，ロードバランサといった，機能に特化した専用ハードウェアによる処理ではなく，汎用ハードウェアに機能別の専用ソフトウェアを搭載することで，処理能力を落とすことなく同一のハードウェアで機能に特化した機器を提供できる環境（NFV：network functions virtualization）が整ってきた。つまり，ソフトウェアにより，ネットワークの機能の多くが実現できるようになった。これが，狭義の SDN の "software defined" という意味である。

汎用ハードウェア上のソフトウェアでネットワークの機能を提供することは，汎用サーバ上の VM で計算機機能を提供することと同じ考え方である。SDN によって，ネットワークを「仮想的なリソースとして抽象化」することが一般的になった。仮想的なリソースとして抽象化できれば，D-Plane はハードウェアで提供されていても，ソフトウェアで提供されていてもかまわない。図 2.8 に示した従来のネットワークアーキテクチャでは，ノードとリンクおよびその接続であるトポロジーが重要な意味を持っていた。IP/MPLS/GMPLS では，各ノードが自律分散コントロールプレーンによりトポロジーを把握し，自律的に物理的リソースの使用量を最適化する経路を計算することに意義を見い出していたが，SDN では，物理的なノードやリンク，トポロジーはすべて抽象化されて仮想的なリソースとして取り扱われ，従来の最適化には大きな意味がなくなってしまった。SDN では，データのフローが，送信端末からどの

ような機能を持った機器を経由して受信端末に至るかをあらかじめ集中的に定義してしまい，定義した結果をフローの振舞いとして適当なノードにプログラムとして配置する（これが software defined である）ことで経路設定を実現している。このことは，SDN では，ソフトウェア開発のように，Makefile や Configfile に機能の配備とフローの振舞いを記述し，コンパイルおよびライブラリをリンクすることで，ノード用のリソースプールに機能を割り当て，リンク用のリソースプールで機能間の接続，つまりはノード間の接続を実行してネットワークが自動生成されるネットワークがオーケストレーションされる世界を実現しようという意気込みとして現れている。

この流れは，データセンタにおける計算機リソースの仮想化のアナロジーで捉えることができる。図 12.5（a）に，計算機リソースであるサーバに対する仮想化の概念を示す。サーバの仮想化では，ユーザが利用するアプリケーションを動作させるための共通プラットフォームである仮想サーバ（VM）と，物理サーバとを分離する。仮想サーバは，インテル x86 アーキテクチャを共通仮想 CPU とすることで抽象化されている。これは，あくまで仮想的な CPU であり，VM と物理サーバとを結び付けるハイパーバイザが動作する物理 CPU は x86 アーキテクチャでなくてもよいということに注意が必要である。ハイパーバイザが，各 VM に対して必要な CPU 機能，メモリアクセス，I/O

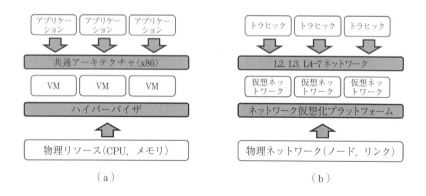

図 12.5　サーバ仮想化とネットワーク仮想化

機能等をつかさどり，物理リソースを VM に割り当てている。物理リソースとしては，コモデティ化された大量の汎用計算機が利用されている。

　同様のアナロジーで考えるネットワーク仮想化の概念を，図（b）に示す。データトラヒックは，すべてパケットを単位として交換されており，レイヤ2からレイヤ7までの共通アーキテクチャ（イーサネット，IP, TCP/UDP, …）が採用されている。データが転送されるのは，仮想ネットワーク上のレイヤ2からレイヤ7ネットワークとなり，物理ネットワーク上に，仮想ネットワークが構築され，仮想ネットワークと物理ネットワークの分離が実現されている。仮想ネットワークを提供するネットワーク仮想化プラットフォームをどのように作り上げるのかが実用化に向けた課題であり，汎用物理ネットワーク機器を利用して，個別の仮想ネットワークが要求する機能（例えば，ファイアウォール，ロードバランサ，イーサネットスイッチ，IP ルータ）を割り当てて自動生成するオーケストレーションの実現が要求される。

## 12.2　サービスチューニング

　従来のネットワークでは，例えば，会社のネットワークの入口には，NATとかファイアウォールとかの機能を，ボックス(装置)を置くことによって実現していた。図 12.6 に従来の企業のネットワークの構成を示す。外部からアクセスを許容する www サーバ以外は，ファイアウォールによって守られている。社内のメールサーバやデータベース，その他(DNS, Proxy, DHCP)のサーバも，ハードウェアのボックス(装置)として設定していた。想像できると思うが，ファイアウォールは，バージョンアップを最新にしておかないと，セキュリティホールができることがある。本業に力を入れたい企業では，これらの装置の維持や管理は面倒であり，アウトソーシングしている。そこで，ソフトウェア技術を応用した SDN や NFV といった技術の発展に伴って，図 12.7 のようにサービスチューニングという方式が出てきた。これは，ネットワーク内にあるファイアウォールやその他のサーバをチェーンのように経由するものである。

## 12. 将来のネットワーク

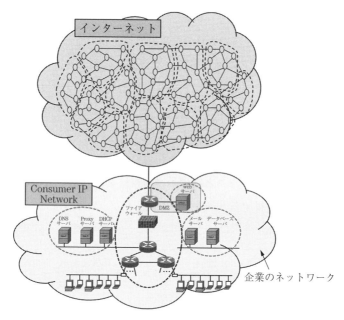

図 12.6　従来の企業のネットワークの構成

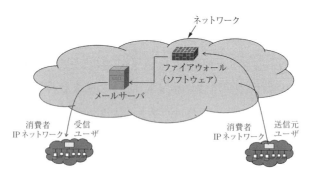

図 12.7　サービスチューニングによるネットワーク

ネットワークのリソースをチェーンのように組み合わせるように，自由自在にサービスを提供できる．これは，新しい形のネットワークサービスである．

より一般的にこのサービスチューニングのアーキテクチャを作ったのが，uGRID（universal GRID networking）である．uGRIDのコンセプトを図12.8

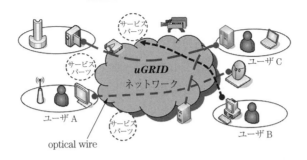

図 12.8　uGRID のコンセプト

に示す。uGRID では，ハードウェアのみではなく，NFV 化されたソフトウェアで構成されたものも一般的にサービスパーツと定義する。さらに，コンテンツ（画像のリソース等）もサービスパーツであり，プログラム（例えば，画像から人間の数を認識するソフトウェア）もサービスパーツと定義しており，それらを optical wire（光技術により広帯域を補償されたインターコネクション）で接続することにより，サービスをマッシュアップするものである。これらは，将来のネットワークサービスの実現手段の一つである。

## 12.3　データセントリックネットワーク

〔1〕インターネットはロケーションオリエンテッド

現在のインターネットでは，IP アドレスに基づいて，IP パケットを通信単位としてホスト間でルーティングが行われている。IP パケットの IP ヘッダには，送信元ホスト IP アドレス，宛先ホスト IP アドレスが記述され，IP アドレスによって送信ホストと受信ホストが指定されている。一見すると，IP アドレスはホストを識別するための識別子（ID）として機能しているように見えるが，IP アドレスの構造は，前半部がネットワークアドレスであり，後半部がネットワーク内でのホストを識別するためのホストアドレスとなっている。このため，ネットワークアドレスはホストの場所を表す識別子（location ID = locator）となる。以上より，IP アドレスは，ホスト ID ではなくロケー

タであると定義される。

インターネットが作られた当初は，ホストとなる大型コンピュータに端末となる小型コンピュータで telnet や ftp といったプロトコルを利用して遠隔利用する形態が想定されていた。この場合，ホストは動くことは想定されていないため，インターネットの設計においてサーバクライアントモデル（クライアント-サーバモデルともいう）に基づいた，動かないホスト間での通信を前提としていたことは自然な発想であった。よって，インターネットは，ロケータである IP アドレスによるルーティングとなるロケーションオリエンテッドでまったく不都合はなかった。

ちなみに，いわゆる "固定" 電話も動かない相手との通信であるため，電話番号は，location ID＝（国番号＋）市外局番＋市内局番と 4 桁のホスト ID とから構成されるロケーションオリエンテッドな設計である。

インターネットは，研究ネットワークとしての利用が開始され，遠隔ログイン，実験データの計算サーバへ（から）の転送，電子メール，ネットニュースといった，ポイントツーポイントのホスト間通信が主流であったが，www が出現したことで，利用者のインターネット使用形態に大きな変化がもたらされた。ユーザは，Web サーバが提供するコンテンツへアクセスことが目的であると認識するようになったのである。それまでのインターネットでは，サーバホストへアクセスすることを目的としていたが，どのホストにアクセスするかは二の次で，コンテンツへのアクセスを第一の目的として始めた。現在では，ビデオ視聴に代表されるリッチコンテンツへのアクセスによるデータ通信の爆発が引き起こされており，インターネットはコンテンツ流通を支える情報通信基盤への位置付けが変化している。これに伴い，インターネットにおけるロケーションオリエンテッドの見直しが要求されるようになってきた。

〔2〕 ロケーションオリエンテッドからコンテンツオリエンテッドへ

インターネットからのコンテンツダウンロードは，コンテンツを URL（uniform resource locator）で決定し，コンテンツを保有しているサーバの IP アドレスを DNS（domain name system）に対して照会（クエリ）して入手し，ア

プリケーションレイヤのデータ転送プロトコルを利用して，サーバホストからクライアントホストへデータを転送する仕組みとなっている。このクライアント-サーバモデルにおいては，どのサーバからコンテンツを取得するのかが重要であり，場所に接続する，つまり，ロケーションオリエンテッドである。図12.9 (a) にクライアント-サーバモデルの概要を示す。

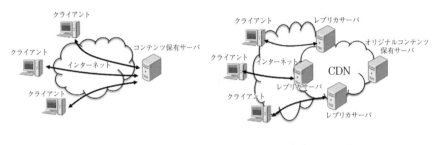

（a） クライアント―サーバ型　　　　　　（b） CDN 型

図12.9　コンテンツ転送ネットワーク形態

クライアント-サーバモデルにおいては，人気コンテンツを保有しているサーバにアクセスが集中してしまい，サーバ性能やネットワーク性能の制限によりコンテンツの入手に支障をきたすことが明らかになった。これを解決するために出現してきた技術が CDN（content delivery network）である。CDN は，オリジナルコンテンツを保有するオリジナルサーバと，コンテンツのコピーを保持するレプリカサーバ群から構成され，オリジナルサーバとレプリカサーバ群の間を高速ネットワークで接続する。つまり CDN 部分は，インターネットではない。クライアントホストからは CDN に向けて，コンテンツに対するリクエストが送信される。一般的には最寄りのレプリカサーバがリクエストを受け，要求されたコンテンツのコピーがレプリカサーバに存在していれば，そのコンテンツをクライアントに送信し，存在しなければ CDN 内でコンテンツを探索して所持しているサーバからレプリカサーバを経由してクライアントに送信する。この場合，どのサーバからコンテンツを取得したのかをユーザはまったく意識しない。最寄りのレプリカサーバにコンテンツのリクエストを送る

と，コンテンツを取得できるという結果のみに興味があるのである。これをコンテンツオリエンテッド（content oriented）と呼ぶ。同図(b)に CDN の概要を示す。

CDN におけるコンテンツの指定は，クライアント–サーバモデルと同様に URL が利用される。URL により名前解決が DNS により行われ，利用すべきレプリカサーバが指定され，指定されたサーバからコンテンツが取得される。このように，コンテンツオリエンテッドな通信サービスを提供するのは，アプリケーション層であり，ネットワーク層ではない。CDN は，ネットワーク外部の取組みによりコンテンツオリエンテッドな通信サービスを提供しているといえる。

CDN は，(1)（レプリカ）サーバからコンテンツを取得する，(2) 人気コンテンツへのアクセス集中を緩和する，という二つの方向性を持って設計されたものである。しかしながら，インターネットの使い方の変化，特にユーザ提供コンテンツの流通という新しいパラダイムによって，新しいコンテンツ流通の仕組みが求められるようになった。そのための仕組みとして出現したのが P2P（peer to peer）である。P2P は，ユーザ間でのコンテンツ流通であり，特定のサーバが存在せず，ユーザはクライアントであると同時に保有しているコンテンツに対してはサーバになる。このため，ユーザは，「どこから」，「誰から」コンテンツが得られるのかに関心を持たず，どのコンテンツが得られるかにのみ関心を持つ。P2P では，P2P ネットワークに対して探索クエリを送信し，探索結果としてコンテンツを保有する peer の IP アドレスが得られる。よって，peer が決まるまでは，P2P オーバレイネットワークはコンテンツオリエンテッドであるといえるが，peer が決まった後のコンテンツ転送はロケーションオリエンテッドな IP 通信となる。P2P では，アプリケーション層で探索用オーバレイネットワークを構築し，転送にはアンダレイの IP 網が利用されており，CDN 同様に，ネットワーク外部の取組みにより，コンテンツオリエンテッドな通信サービスが提供されている。

CDN と P2P の両方ともインターネットをコンテンツ転送ネットワークとして利用しているため，ロケーションオリエンテッドであるがゆえのオーバヘッ

## 12.3 データセントリックネットワーク 211

ドが存在する。

CDN では，コンテンツ発見のオーバヘッドが存在する（Step 1）。コンテンツにコンテンツ名（URL）を付与する（Step 2）。URL からコンテンツ保有サーバ名を切り出す（Step 3）。DNS を利用してレプリカサーバの IP アドレスに変換する。

P2P では，コンテンツ流通のオーバヘッドが存在する。これは発見されたコンテンツをアンダレイの実ネットワーク上で IP ルーティングしてしまうため，オーバレイ上では隣接していても，アンダレイでは地球の反対側だったりするということである。

これらの問題は，本質的に上位層でのコンテンツオリエンテッドサービスと，下位層でのロケーションオリエンテッド転送基盤との乖離に起因するアーキテクチャ的な問題であり，ネットワークアーキテクチャ全体をコンテンツオリエンテッドなものに変革することが必要であるということが明らかになった。これを解決するために提案されたのが，コンテンツセントリックネットワーク（CCN：content-centric network）と呼ばれる新たなネットワークであり，コンテンツのような大容量データのみならず，センサデータのような小容量多種なデータまで CCN を拡張する試みがデータセントリックネットワーク（DCN：data-centric network）である[1]~[5]。

〔3〕 パブリッシャ/サブスクライバ（パブ/サブ）モデル

CCN/DCN においては，サーバがコンテンツを保有するという従来の考え方と異なり，ネットワークがコンテンツを保有する。具体的にはネットワークは，コンテンツを保持・転送するコンテンツルータとリンクから構成され，コンテンツルータにコンテンツが保管される。コンテンツは，コンテンツ提供者がネットワークに供給し，コンテンツ利用者はネットワークから所望のコンテンツを取り出して利用する。この関係は，書籍の出版と購読の関係にモデル化することができ，パブリッシャ/サブスライバ（パブ/サブ）モデル（図 12.10 参照）と呼ばれる。

パブ/サブモデルでは，非同期のメッセージングが行われ，出版者は特定の

図12.10　パブリッシャ/サブスクライバ（パブ/サブ）モデル

購読者がネットワーク上に存在しているかどうかを想定せずに，出版情報のメッセージをネットワークに送信する．このメッセージは，クラス分けが行われ，クラスにマッチした購読者に最終的に届けられる．購読者は，自分の興味があるクラスを指定し（指定するメッセージをインテレストメッセージと呼ぶ），指定したクラスに属するメッセージのみを受信する．このメッセージのクラス分けと購読者に対するフィルタリングは，出版者と購読者の中間に存在するメッセージブローカが処理する．

つまり，出版者からはブローカのみが見え，購読者からもブローカのみが見える．このように，出版者と購読者を分離することでパブ/サブモデルは以下のような特徴を有する．

【空間分離性】
　出版者と購読者はたがいの情報を得る必要がない．
　出版者は，誰が購読者として受信しているのか知る必要がない．
　出版者は，購読者数を知る必要がない．
　購読者は，誰が出版しているのかを知る必要がない．

【時間分離性】
　出版者と購読者は，同時にアクティブである必要がない．

## 12.3 データセントリックネットワーク

出版者は，自分がコンテンツを登録するときのみアクティブであればよい。

購読者は，自分がコンテンツを受信するときのみアクティブであればよい。

ブローカはいつでもアクティブである必要がある。

CCN/DCN は，この二つの特徴をネットワーク層で実現するものである。現在のインターネットでは，この特徴の一部をアプリケーション層で実現している。

パブ/サブモデルを実現する手法としては，集中型ブローカとしてブローカノードを利用する方法（図 12.11 参照）と，ブローカノードを利用せず，ネットワーク内で分散型に処理を行う方法（図 12.12 参照）が代表的である。

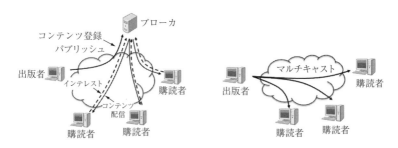

図 12.11　集中型ブローカノードモデル　　図 12.12　分散型ブローカモデル（マルチキャスト利用）

集中型ブローカを利用する場合，購読者からのインテレストの管理と，出版者からの送信コンテンツの管理を集中的に行う必要がある。コンテンツの発見に相当するインテレストの管理，およびコンテンツの転送が，すべてネットワーク外部にあるブローカサーバに委ねられることになるため，集中型アプローチは，コンテンツオリエンテッドネットワークではないため，CCN/DCN とはなり得ない。

分散型アプローチをとるシステムにおいては，IP マルチキャストやマルチキャストオーバレイを利用した情報配信が利用される。図 12.12 には，明示的

なインテレストメッセージの購入者からの送信が記述されていないが，コンテンツごとにマルチキャストグループが設けられ，マルチキャストグループに購入者が参加（join）することがインテレストメッセージの送信に相当する。この場合，パブ/サブモデルの非同期という特徴は失われることに注意が必要である。

IP マルチキャストが CCN になり得るのかどうかを検証する。マルチキャストアドレスは，IP アドレスであるが，コンテンツ ID として利用可能な仮想アドレスであり，ホストに付与されるロケーションオリエンテッドなアドレスではないため，問題はない。空間分離性に関しては，マルチキャストの送信ホスト（出版者）は，受信ホスト（購入者）を知る必要はなく，受信数も知らない。また，受信ホストは送信ホストが複数存在していても複数のマルチキャストネットワークに参加することが可能であり，まったく問題はない。時間分離性に関しては，送信ホストの送信タイミングと，受信ホストの参加タイミングは非同期で問題はない。もっとも，送信中に参加した場合は，ビデオオンデマンド（VoD）のようにコンテンツの先頭から受信するというわけにはいかないという制限が存在する。このように，IP マルチキャストを利用した分散型アプローチは，CCN としての条件を十分に満たしている。しかしながら，CCN として運用する場合，マルチキャスト ID がコンテンツ ID となることに課題が存在する。コンテンツ名とコンテンツ ID の変換をネットワークがサポートできないため，コンテンツの登録（マルチキャストアドレスの割当て）と，コンテンツの検索（マルチキャストアドレスの発見）をどう実現するのかが問われている。なお，コンテンツ ID として空間の広さに関しては，IPv4 マルチキャストアドレス（224.0.0.0〜239.255.255.255）は，268 435 456 通りの ID しか用意できず不十分であるが，IPv6 マルチキャストアドレス（FF00::/8）は，グループ ID として 112 ビットの空間を有し，5.2×1033 の ID 空間をサポートしており，十分な大きさであるといえる。

〔4〕 Content-Centric Network 実現モデル

IP マルチキャストを利用した，分散型ブローカモデルにおいては，コンテ

## 12.3 データセントリックネットワーク

ンツの発見をネットワーク層で実現することが大きな課題であった．この問題を解決するパブ/サブモデルのブローカ実現方法が，ランデブー型通信モデル（図 12.13 参照）である．ランデブー型通信モデルにおいては，購読者からのコンテンツ要求のインテレストメッセージと，出版者からのコンテンツ保持情報メッセージをネットワーク内でうまく遭遇させ，インテレストメッセージをコンテンツ保持ノードまで届ける．コンテンツ保持ノードは，購読者に向けてコンテンツの提供を行う．コンテンツの転送は，原則として，インテレストメッセージがたどってきた経路を逆にたどることで実現される．

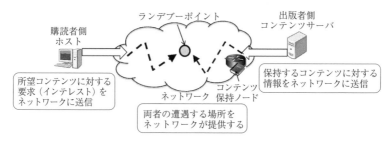

図 12.13 ランデブー型通信モデル

ランデブー型通信モデルを実現するための，メッセージパケットの簡易実装例は (id, data) という形式である．id は，$m$ ビットのコンテンツ識別子であり，data は可変長のペイロード領域である．出版者は，ネットワークに対して，(id, content) のコンテンツ情報メッセージを送信する．id はコンテンツに対して一意に与えられた識別子であり，content はコンテンツそのものである．購読者は，ネットワークに対して，(id, R) のインテレストメッセージを送信する．id は所望のコンテンツに対して与えられた識別子であり，R は購読者を識別するための ID であり，例えば IP アドレスとポート番号の組合せ等でネットワーク内で一意となるように決定されている．ネットワーク内で，インテレストメッセージとコンテンツ情報メッセージがランデブーし，コンテンツの id とインテレストの id が一致した場合，(R, data) のパケットが生成され，購読者にコンテンツが転送される（図 12.14 参照）．

## 12. 将来のネットワーク

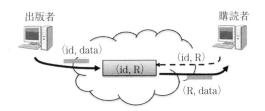

図12.14 ランデブーモデルにおけるコンテンツ発見

idが，論理的なランデブーポイントを提供し，非同期通信，および空間分離と時間分離の両方が実現されている．出版者は，購読者が何人存在しているのか，購読者がどこに存在しているのかを知る必要もない．購読者は，出版者が何人存在しているのか，出版者がどこに存在しているのかを知る必要もない．購読者からのidにマッチするものがネットワーク内に存在しない場合には，ネットワークからNAK信号が購読者に戻される．

つぎに，具体的なランデブーポイントの実現手法の一例を紹介する．一番簡単なのは，ブロードキャストを利用するものである．購読者からのどのようなコンテンツを希望しているかのインタレストメッセージは，ブロードキャストによってネットワーク内の全ノードに配布されていき，やがてidの一致するコンテンツを保持しているノードであるコンテンツルータに到達する．インタレストのマッチを確認したコンテンツルータから購読者に向けては，逆経路をたどってコンテンツが転送されていく．ブロードキャストを利用する場合は，ネットワーク規模が拡大するに従って，インタレストの処理量が増加することは明らかであり，コンテンツルータの負荷がノード数$N$に対して$N^2$を超えて増加していく．インタレストの処理量を低減するために，出版者側のid登録を構造化し，購読者からのインタレストをうまくルーティングする仕組みがある．これは，コンテンツルータをidのresolution handler（RH）として利用するものである（図12.15参照）．

RHは階層化された構造を有している．出版者は，最寄りのRHに対してコンテンツとidを登録する．idを登録されたRHは，隣接RHに対して保有するidを広告する．各RHは，id登録テーブルを保持しており，①idがid登録

## 12.3 データセントリックネットワーク

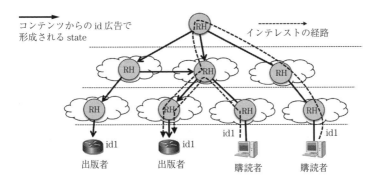

図 12.15　resolution handler によるコンテンツ発見

テーブルに記載されていなければ自己の id 登録テーブルに id を登録した後，隣接および上位の RH に id を送信して登録させる，②すでに同一 id が登録されている場合には，より近い出版者からの id 登録であれば id 登録テーブルを上書きし，隣接および上位の RH に id を送信，そうでなければ受信した id の広告を停止する．この動作により，より近傍のコンテンツを保持しているコンテンツルータが優先してアクセスされるようになる．購読者からのインテレストは，RH で id が検索され，登録されていなければ上位の RH に対してインテレストを転送する．最上位の RH でマッチする id が存在しなければ，NAK を購読者に返送する．マッチする id が発見されると，id 登録テーブルをたどって，コンテンツを保持するコンテンツルータまでインテレストが転送される．コンテンツは，インテレストの経路を逆にたどって購読者まで届けられる．この方式では，最上位の RH がすべての id を保有することが必要となり，id 登録テーブルの大きさや検索に要する時間が課題となる．この問題を解決するために，id を構造化し，分散ハッシュテーブル（DHT：distributed hash table）を利用して，各 RH で分散的に id を保持するといった工夫がなされている．

コンテンツルータは，RH として動作するほか，購読者に対してはインテレストの受信とコンテンツ送信，出版者に対してはコンテンツと id の登録，id の広告を行う．コンテンツルータは，コンテンツの転送，インテレストの転送のために FIB（forwarding information base），PIT（pending interest table）

の二つのテーブルを保有する。FIB は RH の id 登録テーブルであり，id および隣接コンテンツルータが接続されているインタフェースの識別子の組により構成される。インテレストは，FIB に従って転送される。PIT は，インテレストが転送されてきた方向を示すテーブルでありコンテンツを購読者に転送する際に参照され，コンテンツを転送すべきインタフェースが決定される。コンテンツを隣接コンテンツルータに転送しだい PIT に登録したインテレストエントリは消去が可能となる。コンテンツルータは，コンテンツを転送する際にコンテンツをキャッシュすることが可能である。コンテンツをキャッシュしておくことで，購読者へのコンテンツ転送時間を短縮することが可能となる。

　通常は，インテレストが偶然キャッシュを保有しているコンテンツルータを通過した際に，キャッシュに存在するコンテンツを購読者へのコンテンツ転送に利用する。最もアグレッシブなキャッシュの利用方法としては，キャッシュを出版者からのコンテンツと登録して，RH に対して id 広告を行う方式が考えられる。この方式では，キャッシュにコンテンツが存在している限りは，レプリカコンテンツが増加しているため，購読者へのコンテンツ転送時間を短縮する効果が期待できる。しかしながら，id の登録と削除が頻繁に発生するため，スケーラビリティ的な問題を内包している。

　中間的な手法としてブレッドクラム（breadcrumb）方式（図 12.16 参照）が存在する[6]。ブレッドクラム方式では，キャッシュしたコンテンツルータから数ホップ先まで，ブレッドクラム（パンくず）をまいておく。インテレストがパンくずを見つけると，パンくずを食べながらキャッシュに誘導されるという仕組みである。この方式では，積極的にキャッシュを利用することが可能であるが，ブレッドクラムの散布距離が小さい場合はキャッシュの有効利用がなされず，大きすぎる場合は，キャッシュの利用度は高まるが，キャッシュのほうがオリジナルコンテンツより遠距離となってネットワーク資源を浪費する危険性が高まるため，最適化散布距離を見い出すことが必要である。

〔5〕 CCN/DCN のまとめ

　インターネットの利用形態の変革に伴って，ユーザの関心はコンテンツやデ

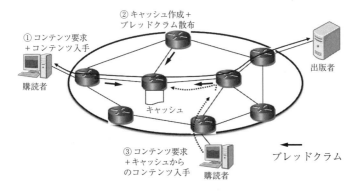

図 12.16　ブレッドクラム方式

ータそのものの取得にのみ存在し，どこから得られるのかには関心がなくなり，コンテンツオリエンテッドなネットワークが求められるようになった。インターネット自体は，ロケーションオリエンテッドなネットワークであるため，コンテンツオリエンテッドなサービスは，アプリケーション層で行われている。コンテンツオリエンテッドサービスとロケーションオリエンテッドネットワークとのすり合せのオーバヘッドの解消が課題となり，ネットワーク自体をコンテンツオリエンテッドな観点で変革するのが CCN/DCN である。

CCN/DCN の実現に向けては，コンテンツのネーミング（id の付与），コンテンツの効率的なルーティング手法，コンテンツルータの作成，トラヒック制御といった幅広い分野の研究・開発が必要である。

これまでのインターネットの動作原理となる End-to-End は，ロケーションオリエンテッドなサービスに対しては有効であった。コンテンツオリエンテッドなサービスに対して最適なネットワークアーキテクチャとして CCN/DCN のフレームワークの進展が，新世代ネットワーク技術として大きく期待されている。

## 12.4　IoT ネットワーク

このごろよく聞く言葉に，IoT（the Internet of Things）がある。あらゆるもの（things）が通信機能を持ち，インターネットへの接続や，相互通信が可能となるもので，環境モニタリングや農業への応用，運輸システムや電力網（スマートグリッド）の発展が期待されている。その IoT の概念図を図 12.17 に示す。

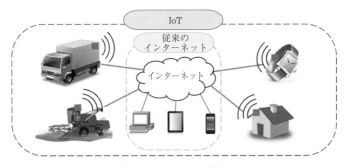

図 12.17　IoT の概念図

従来のインターネットは，おもにコンピュータ，PC やスマートフォン等がネットワークに接続されていたが，IoT では，車や家庭，人，動物がインターネットに接続されていく。ただ，それらは，直接ネットワークに接続されているわけではなく，センサやアクチュエータを用いて接続される。そのため，IoT は，モノ＋アクチュエータ＋インターネットをつなぎ合わせる概念といえる。IoT デバイスは，五つの要素から構成されている。

1. センサ：物理的・化学的なパラメータを電気信号に変換するデバイス
2. アクチュエータ：電気信号を物理的・化学的な動作に変換するデバイス
3. マイクロコントローラ/マイクロプロセッサ：メモリやプロセッサなどを含んだチップ
4. トランシーバ：情報の送受信を可能にするデバイス

5. RFID：無線波を用いたモノの識別技術

IoT デバイスはこれら 1〜5 の要素を有する。

それぞれの部分を簡単に説明する。センサは，図 12.18 に示すように，物理，化学，生物学的なパラメータを電気信号に変換するものであり，自発的にデータを送信するアクティブモードと，コントローラ側で読出しに行くパッシブモードが存在する。

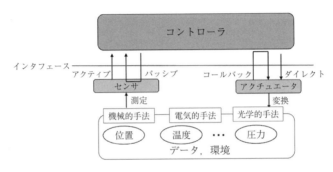

図 12.18 センサのインタフェース

同様に，アクチュエータは，センサのいわば逆で，電気信号を受けて，物理，化学，もしくは生物学的な動作に変換するものである。IoT の一つの例として，マイクロコントローラ，プロセッサ，トランシーバの説明は省略して，RFID（radio-frequency identification）について説明する。RFID は，モノについて，電子タグを用いて識別やデータ収集を可能とする技術であり，図 12.19 に示すようなメカニズムと応用が考えられている。RFID タグは，パッ

RFID の利用

| RFID の利用法 | 具体例 |
|---|---|
| 追跡・識別 | ペットや家畜の追跡・識別 |
| 支払いシステム・ストアドバリューシステム | ETC (electronic toll system) |
| アクセス制御 | 近接型カードによる建物への入場 |
| 偽装防止 | カジノの代用硬貨 |

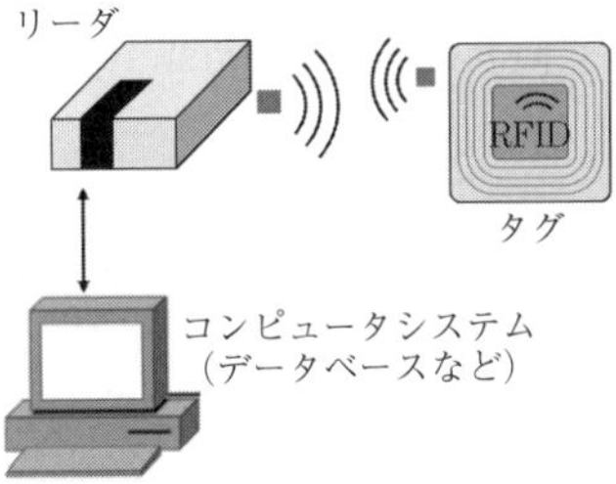

図 12.19 RFID システムの要素

**表 12.1** RFID タグの種類

|  | パッシブ | セミパッシブ | アクティブ |
|---|---|---|---|
| 電　源 | RF 信号 | バッテリー | バッテリー |
| 必要な信号強度 | 高 | 低 | 低 |
| 通　信 | レスポンスのみ | レスポンスのみ | レスポンスもしくは通信始動 |
| 最大読取り距離 | 10 m | >100 m | >100 m |
| 相対コスト | 小 | 中 | 大 |
| 利用例 | EPC（electronic product code） | 電子料金，パレット追跡 | 巨大資産追跡，家畜追跡 |

シブ，セミパッシブ，アクティブがあり，**表 12.1** のように分類できる。

## 12.5　電力制御とスマートグリッド[7]

いままで勉強した通信ネットワーク技術の一つの応用を紹介する。2016 年から電力の自由化が進み，また，火力や原子力以外の多様化した電力発生源が誕生してきた。**図 12.20** に，新しいスマートグリッドの構成図を示す。

渋谷区程度の大きさの地域を一つの単位として，風力や太陽光といった新しい再生可能エネルギーも提供されている。従来は，大規模な原子力，もしくは火力発電所から多くの消費者に分配する，いわば，$1:n$ 型の配電網であったが，このスマートグリッドは，複数の消費者といった，いわば $m:n$ の形態である。図では，リング状に設置されている。

また，一つのユーザが発電源（producer）であり消費源（consumer）である，プロジュマと呼ばれる存在となることも特徴の一つである。そのスマートグリッドを模式的に描いたのが，スマートグリッドのプールモデルである（**図 12.21** 参照）。

イメージは，スマートグリッド全体を一つの大きなプールと思ってもらいたい。プールに水を入れるのが発電で，水が抜けるのが消費であり，プールには，どこから入れても抜いても何本で入れても，"ザー"と入れても"ポタポ

12.5 電力制御とスマートグリッド　　223

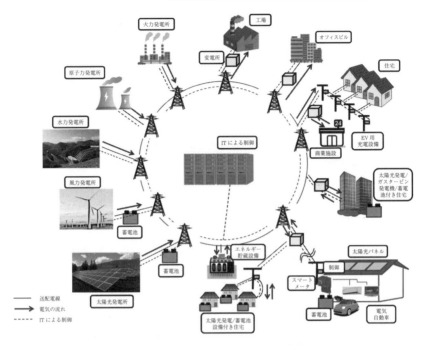

図 12.20　新しいスマートグリッドの構成図

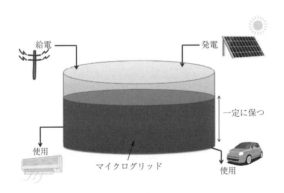

図 12.21　スマートグリッドのイメージ図

タ"入れてもよい．ただし，入れる量と抜ける量は「同時同量」と呼ばれる，同一時間に同一量である必要がある．この同時同量制御が正しく行われていないと，プールの水があふれたり（電圧もしくは周波数が上がる），プールの水

224    12. 将来のネットワーク

が下がったり（電圧もしくは周波数が下がる）が生じる。そのため，スマートグリッドでは，この同時同量を正確に行うことが必要である。つまり，スマートグリッドの制御は，この同時同量制御のやり方そのものであるといえる。

さて，A 社は自由に電力を使ってそれに追随するように発電をする。一方，

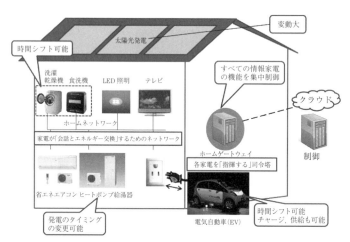

出典：経産省の資料より著者が修正

図 12.22　スマートハウスのイメージ

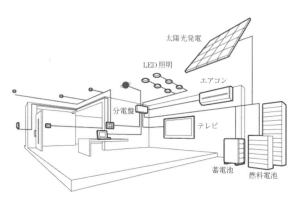

出典：『日経 Ecology』（2010 年 5 月号），p.39

図 12.23　パナソニックの HEMS の例

B社は，最も安い発電源を動かして，ある人が電力を使うときには，他の人の消費を減らす（ネガワットという）努力をする。例えば，電気自動車（EV）のチャージを行っているユーザがいて，ヘアドライヤを別の人が使った場合には，チャージの量を減らすことは容易にできる。これを実現するには，ホームゲートウェイと呼ばれる家などの入口についたゲートウェイで，発電量や消費量をモニタし，各家電等をコントロールできる装置である。図 12.22 に，スマートハウスとホームゲートウェイを示した。図のように，ゲートウェイには家電や電気自動車が接続される。一方，ネットワークには，消費量や発電量を通知し，ネットワークからはデマンドコントロールが行われる。つまり，分散的なリソースの制御ネットワークとなる。

図 12.23 には，HEMS（home electronics management system）を示した。

このように，各社はスマートメータを付け，リアルタイムでモニタでき，高度なエネルギーマネジメントシステムを構築している。

# 引用・参考文献

## 本書全般にわたる文献

1) A.S. タネンバウム：コンピュータネットワーク（第4版），日経BP社（2003）
2) 五嶋一彦：情報通信網，朝倉書店（1999）
3) 淺谷耕一監修：情報通信と標準化-テレコム，インターネット，NGN-，電気通信振興会（2006）
4) 映像情報メディア学会編：ネットワーク技術-基本からブロードバンドまで-，オーム社（2002）
5) 川島幸之助，宮保憲治，増田悦夫：最新コンピュータネットワーク技術の基礎，電気通信協会（2003）
6) インターネット，全6巻，岩波書店（2001）
7) ラディア・パールマン：インターコネクションズ（第2版），翔泳社（2001）

## 1 章

1) http://www.media.kyoto-u.ac.jp/about/pdf/accms_history.pdf（2018年5月31日現在）
2) 依田高典：ネットワーク・エコノミクス，日本評論社（2001）
3) Gordon E. Moore：Cramming more components onto integrated circuits, Electronics, **38**, 8（1965）
4) http://accc.riken.go.jp/HPC/HimenoBMT/himenobmtressmall1.pdf（2018年5月31日現在）
5) Wynn Quon：Behold, the God Box, Less's Law：The cost of storage is falling by half every 12 months, while capacity doubles, National Post Online（2004），http://www.legadoassociates.com/behold.htm（2007年10月26日現在）
6) B. Briscoe, A. Odlyzko, and B. Tilly：Metcalfe's Law is Wrong, IEEE Spectrum, pp. 26～31（2006）
7) 例えば，David P. Reed：The Sneaky Exponential, http://www.reed.com/Papers/GFN/reedslaw.html
8) http://www.murphys-laws.com/（2018年5月31日現在）
9) ITU-T 勧告 X.200/ISO/IEC7498-1：Information technology-Open Systems

引 用 ・ 参 考 文 献 　 227

Interconnection-Basic Reference Model : The basic model（1994）

## 2 章

1) ITU-T 勧告 X.25 : Interface between Data Terminal Equipment（DTE）and Data Circuit-terminating Equipment（DCE）for terminals operating in the packet mode and connected to public data networks by dedicated circuit
2) K. Asatani, et al. : Introduction to ATM Networks and B-ISDN, John Wiley & Sons (1997)
3) 寺西昇，北村隆：ディジタル網の伝送施設設計，電気通信協会（1984）

## 3 章

1) ベル電話研究所：伝送システム，第 25 章伝送端局，ラティス（1971）
2) ITU-T 勧告 G.711 : Pulse code modulation（PCM）of voice frequencies（1972）
3) J. Davidson and J. Peters : Voice Over IP Fundamentals, Cisco Press（2000）
4) ISO/IEC IS10918-1/ITU-T Recommendation T. 81 : Information technology-Digital compression and coding of continuous-tone still images-Requirements and guidelines（1992）
5) ISO/IEC15444-1/ITU-T 勧告 T.800 : Information technology-JPEG 2000 image coding system, Core coding system（2002）

## 4 章

1) ITU-T 勧告 G. 902 : Framework Recommendation on Functional Access Networks（AN）-Architecture and Functions, Access Types, Management and Service Node Aspects（1995）
2) ITU-T 勧告 G. 992. 1 : Asymmetric digital subscriber line（ADSL）transceivers（1999）
3) ITU-T 勧告 G. 992. 2 : Splitterless asymmetric digital subscriber line（ADSL）transceivers（2002）
4) http://www.bspeedtest.jp/stat1_1.html（2007 年 10 月 26 日現在）
5) 福富秀雄：電気通信線路技術，電気通信協会（1977）
6) ITU-T 勧告 G.983. 1 : Broadband optical access systems based on Passive Optical Networks（PON）（1998，改定 2005）
7) ITU-T 勧告 G.984. 1 : Gigabit-capable Passive Optical Networks（GPON）: General characteristics（2003）
8) IEEE802. 3-2005 Part 3 : Carrier sense multiple access with collision detection（CSMA/CD）access method and physical layer specifications（元 IEEE 802.

*228*　引　用　・　参　考　文　献

3ah-2004）

9) IEEE 802.3av Part 3 : CSMA/CD Access Method and Physical Layer Specificati-ons Amendment 1 : Physical Layer Specifications and Management Parameters for 10 Gb/s Passive Optical Networks（2009）

10) 可児淳一ほか：次世代 10G 級 PON システムの標準化動向，NTT 技術ジャーナル（2009）

11) ITU-T 勧告 G.987.1 : 10-Gigabit-capable passive optical networks（XG-PON）: General requirements（2010）

12) ITU-T 勧告 G.989.1 : 40-Gigabit-capable passive optical networks（NG-PON2）: General requirements（2013）

13) ANSI/SCTE 22-1 : Data-Over-Cable Service Interface Specification, DOCSIS 1.0 Radio Frequency Interface（RFI）（2002）

14) ITU-T 勧告 J.112 : Transmission systems for interactive cable television serv-ices（1998）

15) ITU-T 勧告 J.122 : Second-generation transmission systems for interactive cable television services-IP cable modems（2002）

16) 沖見勝也他：新版 ISDN，電気通信協会（1995）


### 5　章

1) http://www.tele.soumu.go.jp/search/myuse/summary.htm（2018 年 5 月 31 日現在）

2) 柳井久義監修：光通信ハンドブック，朝倉書店（1982）

3) http://www.bellsystemmemorial.com/images/pc-prattks.jpg（2007 年 10 月 26 日現在）


### 6 章全般にわたる文献

1) 池田克夫：コンピュータネットワーク，オーム社（2001）

2) A.S. タネンバウム：コンピュータネットワーク（第 4 版），日経 BP 社（2003）


### 7　章

1) ITU-T 勧告 E.164 : The international public telecommunication numbering plan（1997）

2) 清水通孝，鈴木立之：通信ネットワーク概論，オーム社（1974）


### 8　章

1) RFC791 : Internet Protocol（1981）

引　用　・　参　考　文　献　　**229**

2)　RFC2460 : Internet Protocol, Version 6（IPv6）Specification（1998）

## 9 章

1)　RFC768 : User Data Protocol（1980）
2)　RFC793 : Transmission Control Protocol（1981）
3)　L.S., Brakmo, et al. : L.L. TCP Vegas, New Techniques for Congestion Detection and Avoidance. Computer Communication Review **24**, 4, pp. 24〜35（1994）
4)　RFC2581 : TCP Congestion Control（1999）
5)　RFC2582 : The NewReno Modification to TCP's Fast Recovery Algorithm（1999）
6)　http://-netweb.usc.edu/yaxu/Vegas/Reference/1994（2007 年 10 月 26 日現在）

## 10 章

1)　秋丸春夫，川島幸之助：情報通信トラヒック-基礎と応用-(改訂版)，電気通信協会（2000）
2)　五嶋一彦：情報通信網，朝倉書店（1999）
3)　秋山稔：近代通信交換工学，電気書院（1973）
4)　川島幸之助，宮保憲治，増田悦夫：最新コンピュータネットワーク技術の基礎，電気通信協会（2003）

## 11 章

1)　総務省：平成 18 年度情報通信白書
2)　淺谷耕一：インターネット（IP）電話の現状と将来，電気学会誌，**123**，11，pp. 740〜743（2003）
3)　総務省：電気通信番号規則改正（2002）
4)　羽室英太郎：IP 電話の普及と緊急通報，電気学会誌，**123**，10，pp. 664〜667（2003）
5)　RFC3550, RTP : A Transport Protocol for Real-Time Applications（2003）
6)　RFC3261, SIP : Session Initiation Protocol（1999）
7)　ITU-T 勧告 H.323：Packet-based multimedia communications systems（1996）
8)　淺谷耕一，森田直孝，黒川章，松尾一紀：NGN 標準化動向の概要と今後の標準化課題，電子情報通信学会誌，**89**，12，pp. 1 045〜1 050（2006）
9)　ITU-T 勧告 Y.2001 : General overview of NGN（2004）
10)　ITU-T 勧告 Y.2011 : General principles and general reference model for Next Generation Networks（2004）
11)　ITU-T 勧告 Y.2012 : Functional Requirements and Architecture of the NGN

（2010）

12) ITU-T 勧告 Y.2111 : Resource and admission control in Next Generation Networks（2011）

### 12 章

1) J. Choi, J. Han, E. Cho, T. Kwon, and Y. Choi : A Survey on Content-Oriented Networking for Efficient Content Delivery, IEEE Communications Magazine, **49**, 3, pp. 121-127（March 2011）

2) B. Ahlgren, C. Dannewitz, C. Imbrenda, D. Kutscher, and B. Ohlman : A Survey of Information-Centric Networking, IEEE Communications Magazine, **50**, 7, pp. 26-36（July 2012）

3) V. Jacobson, D.K. Smetters, J.D. Thornton, M.F. Plass, N.H. Briggs, and R.L. Braynard : Networking Named Content, Proc. CoNEXT'09, pp. 1-12, New York, NY, USA（Dec. 2009）

4) M. Gritter and D.R. Cheriton : An Architecture for Content Routing Support in the Internet, Proc. 3rd USENIX Symposium on Internet Technologies and Systems, pp. 37-48（March 2001）

5) 松原大典，薮崎仁史，岡本聡，山中直明 : "高度に分散したモバイルデータ配信に向けたデータ指向型ネットワーク"，電子情報通信学会研究技術報告，IA2011-92（2012 年 3 月）

6) E. Rosenweig and J. Kurose : Breadcrumbs : Efficient, best-effort content location in cache networks, IEEE INFOCOM 2009, pp. 2631-2635（Apr. 2009）

7) 山中直明 : スマートネットワークの未来，慶應義塾大学出版会（2012）

#### 12 章全般にわたる文献

1) 山中直明編著 : インターネットバックボーンネットワーク，電気通信協会（2014）

# 索　　　引

## 【い】
インターネット　2
インタフェース　17
インテリジェントネット
　ワーク　192

## 【う】
ウァースの法則　9
ウィンドウサイズ　35
ウィンドウ制御　35

## 【お】
オクテット　108

## 【か】
回線設定　21
仮想回線設定　21
仮想化技術　198
仮想コネクション設定　21
完全線群　167

## 【く】
クライダーの法則　9

## 【け】
経路制御表　139,150
ケンドール表現　168

## 【こ】
呼　21
高位レイヤ　14
高機能レイヤ　14
呼受付制御　28
呼生起率　170
呼損率　167
コーデック　43

コネクション指向型ネット
　ワーク　24
コネクション設定　21
コネクションレス型　157
呼　量　166
コンピュータ通信ネット
　ワーク　1

## 【さ】
最大転送単位　139
最繁時間　167
サービス　17
サービスアクセスポイント
　17
サービス個別ネットワーク
　4,79
サービス時間　168
サービスストラタム　192
サービス総合ネットワーク
　79
サービスチューニング　205
サービスノード　11
サービスプリミティブ　17
3R 機能　101

## 【し】
時間スイッチ　136
識別再生　101
ジグザグスキャン　60
シーケンス番号　154
時分割多重　135
時分割マルチアクセス　129
周波数分割多重　82
周波数分割マルチアクセス
　129
衝突回避型搬送波検知多重
　アクセス方式　122

衝突検出型搬送波検知多重
　アクセス方式　122
消費源　222
自律システム　138
振　幅　82

## 【す】
スタッフ多重方式　106
スチューピッドネット
　ワーク　31
スマートグリッド　222
スループット　114
スロースタート　162
スロット ALOHA 方式　121

## 【せ】
静的経路制御　133
セル　86
前方誤り訂正　49

## 【そ】
即時系　167
ゾーン　86

## 【た】
大群化効果　173
待時系　167
タイミング再生　101
タイムアウト　157,163
タイムスロット順序完全性
　112
多重化方式　104
多重分離回路　136

## 【ち】
直交周波数分割多重　83
直交振幅変調　82

## 【つ】

ツイストペアケーブル　91

## 【て】

低位レイヤ　14
データグラム　29,153
データセンタ　198
伝送パス　40
伝達レイヤ　14

## 【と】

等化増幅　101
同期ディジタルハイアラーキ　40,110
同軸ケーブル　91
到着率　170
動的経路制御　133
独立同期ディジタルハイアラーキ　110
トークンバス　125
トークンパッシング方式　124
トークンリング　125
トラヒック量　113
トランスポートストラタム　192

## 【ね】

ネットワーク外部性　5
ネットワーク効果　5
ネットワーク負荷率　113

## 【は】

バイト　108
パケット再組立て　140
パケット分割　139

パソコン通信　2
発電源　222
パブリッシャ/サブスクライバ（パブ/サブ）モデル　211
搬送波検知多重アクセス方式　122

## 【ひ】

光アクセス　69
光回線終端装置　69
光収容ビル装置　69
光ファイバケーブル　91
ビット透過性　111

## 【ふ】

輻輳回避　163
符号化　44
符号分割マルチアクセス　129
ブレッドクラム　218
プロトコル　12

## 【へ】

ペイロード　113
ベストエフォート型転送サービス　153
ベストエフォート方式　29

## 【ほ】

ポアソン呼　167
保留時間　168
ポーリング　128

## 【ま，む】

マーフィーの法則　9
ムーアの法則　6

## 【め，も】

メディアアクセス制御　118
メトカーフの法則　5
モデム　43

## 【ゆ】

ユニフォームリソース識別子　177

## 【よ】

呼出音　22

## 【ら】

ライザーの法則　9
ランダム呼　167
ランデブー型通信　215

## 【り，る】

離散コサイン変換　59
リトルの公式　171
量子化ひずみ　44
ルーチングテーブル　139

## 【れ，ろ】

レイヤ7スイッチ　16
ロックの法則　9
ローミング　189
論理チャネル　24

## 【わ】

話中音　22

---

## 【A】

ADSL　3,64,65
ALOHA方式　120
amplitude shift keying　81
ANI　193
API　201
application network

interface　193
application program interface　201
AS　138
ASK　81,82
ATM　24
ATM-PON　72
autonomous system　138

## 【B】

bit sequence independency　111
B-PON　70
breadcrumb　218
BSI　111
busy hour　167

索　　引　233

## 【C】

| | |
|---|---|
| CAC | 28 |
| call | 21 |
| call admission control | 28 |
| carrier sense multiple access | 122 |
| carrier sense multiple access with collision avoidance | 122 |
| carrier sense multiple access with collision detection | 122 |
| CDMA | 129 |
| CDN | 209 |
| CloudStack | 201 |
| code division multiple access | 129 |
| codec | 43 |
| connection-oriented networks | 24 |
| consumer | 222 |
| content delivery network | 209 |
| CSMA | 122 |
| CSMA/CA | 122 |
| CSMA/CD | 122 |

## 【D】

| | |
|---|---|
| datagram | 29 |
| data over cable service interface specification | 77 |
| DCT | 59 |
| DOCSIS | 77 |

## 【E】

| | |
|---|---|
| EFM | 74 |
| eMBB | 89 |
| encoding/coding | 44 |
| enhanced mobile broadband | 89 |
| E-PON | 74 |
| Ethernet in the first mile | 74 |
| Ethernet over PON | 73 |

## 【F】

| | |
|---|---|
| FDMA | 82,129 |
| FEC | 49 |
| FMC | 189 |
| forward error correction | 49 |
| frequency division multiple access | 82,129 |
| frequency shift keying | 81 |
| FSK | 81 |
| FTTH | 69 |

## 【G】

| | |
|---|---|
| G-PON | 72 |
| G-PON encapsulation method | 72 |
| GE-PON | 73 |
| GEM | 72 |
| gigabit Ethernet PON | 73 |
| graphical user interface | 201 |
| GUI | 201 |

## 【H】

| | |
|---|---|
| H.264 | 53 |
| HEMS | 225 |
| home electronics management system | 225 |

## 【I】

| | |
|---|---|
| IaaS | 201 |
| IMS | 196 |
| IN | 192 |
| infrastructure as a service | 201 |
| intelligent network | 192 |
| IoT | 89,220 |
| IP アドレス | 145 |
| IP multimedia subsystem | 196 |
| IPv4 | 138 |
| IPv6 | 143 |

## 【J】

| | |
|---|---|
| Joint Photographic Experts Group | 58 |
| JPEG | 58 |
| JPEG2000 | 58 |
| justification multiplexing | 106 |

## 【K】

| | |
|---|---|
| Kryder's law | 9 |

## 【L】

| | |
|---|---|
| link state data base | 152 |
| location ID | 208 |
| logical channel | 24 |
| LSDB | 152 |

## 【M】

| | |
|---|---|
| M2M | 89 |
| MAC プロトコル | 118 |
| machine to machine | 89 |
| MAN | 117 |
| massive machine type communications | 89 |
| maximum transfer unit | 139 |
| media access control | 118 |
| Metcalfe's law | 5 |
| metroporitan area network | 117 |
| MIMO | 85 |
| MJPEG | 57 |
| MJPEG2000 | 58 |
| $M/M/S$ モデル | 171 |
| mMTC | 89 |
| modem | 43 |
| Moore's law | 6 |
| Motion JPEG | 57 |
| MPEG-1 | 53 |
| MPEG-2 | 53 |
| MPEG-4 | 53 |
| MTU | 139 |
| multiple-input and multiple-output | 85 |
| Murphy's law | 9 |

## 【N】

| | |
|---|---|
| network functions virtualization | 203 |
| network to network interface | 193 |
| NFV | 203 |

NNI 193
NTSC 方式テレビジョン
　信号 53

## 【O】

OFDM 83
OLT 69
ONU 69
open shortest path first 151
optical line terminal 69
optical network unit 69
orthogonal frequency divi-
　sion multiplexing 83
OSI の 7 階層モデル 12
OSPF 151

## 【P】

PaaS 202
packet defragmentation 140
packet fragmentation 139
p-ALOHA 120
passive double star 63
passive optical network 63
PDH 110
PDS 63
PHS 87
platform as a service 202
plesiochronous digital
　hierarchy 110
point-to-point 69
Poisson call 167
PON 63
PON 光アクセス 70
portable handy system 87
PP 69
PP 光アクセス 69
producer 222

## 【Q】

QAM 82
quadrature amplitude

modulation 82
quantization distortion 44

## 【R】

RACF 195
radio-frequency
　identification 221
random call 167
Reiser's law 9
resource and admission
　control function 195
RFID 221
RIP 151
Rock's law 9
routing information
　protocol 151

## 【S】

SaaS 202
SAP 17
SDH 40,110
SDN 202
service dedicated network 4
single star 69
software as a service 202
software defined network-
　ing 202
SS 69
stuff multiplexing 106
synchronous digital
　hierarchy 40,110

## 【T】

TCP 153,155
TCP Tahoe 162
TDMA 129
the Internet of Things 220
time division multiple
　access 129
time slot sequence
　integrity 112

time to live 141
transmission control proto-
　col 153
TSSI 112
TTL 141

## 【U】

UDP 153,155
uGRID 206
ultra-reliable and low la-
　tency communications 89
uniform resource identifier
　177
uniform resource locator 178
universal GRID network-
　ing 206
URI 177
URL 178
URLLC 89
user date protol 153

## 【V】

virtual machine 199
VM 199

## 【W】

WAN 117
wavelength division multi-
　plexing 69
WDM 69
wide area network 117
Wirth's law 9

## 【その他】

$\mu$-law 48
$\mu$ 則 48

16QAM 82
64QAM 82

―― 著者略歴 ――

**山中　直明**（やまなか　なおあき）
- 1981年　慶應義塾大学工学部計測工学科卒業
- 1983年　慶應義塾大学大学院理工学研究科修士課程修了(計測工学専攻)
- 1983年　日本電信電話公社(現 NTT)
- 1991年　工学博士(慶應義塾大学)
- 2004年　慶應義塾大学教授
- 　　　　現在に至る

**馬場　健一**（ばば　けんいち）
- 1990年　大阪大学基礎工学部情報工学科卒業
- 1992年　大阪大学大学院基礎工学研究科修士課程修了(物理学専攻(情報工学分野))
- 1995年　博士(工学)(大阪大学)
- 1997年　高知工科大学講師
- 1998年　大阪大学助教授
- 2014年　工学院大学教授
- 　　　　現在に至る

**淺谷　耕一**（あさたに　こういち）
- 1969年　京都大学工学部電気工学II学科卒業
- 1974年　京都大学大学院博士課程修了，工学博士
- 1974年　NTT 電気通信研究所入所（FTTH，ブロードバンドネットワーク，サービス品質の研究に従事）
- 1997年　工学院大学教授
- 1999年～2014年　早稲田大学大学院国際情報通信研究科客員教授
- 2014年　工学院大学名誉教授
- 2014年　南開大学(中国・天津市)講座教授
- 　　　　現在に至る

電子情報通信学会フェロー，IEEE フェロー，総務大臣情報通信技術賞受賞
主要著書：「通信ネットワークの品質設計」（電子情報通信学会），「Introduction to ATM Networks and B-ISDN」（John Wiley），「情報通信と標準化」（電気通信振興会）など
少林寺流空手道連盟八修会会長・宗家・八段範士

## 通信ネットワーク技術の基礎と応用
―物理ネットワークからアプリケーションまでの ICT の基本を学ぶ―
Fundamentals and Applications of Communication Network Technology
―From Physical Network to Applications―　　Ⓒ Yamanaka, Baba, Asatani 2018

2018 年 10 月 31 日　初版第 1 刷発行　　　　　　　　　　　　　　　　★

|  |  |  |
|---|---|---|
| 検印省略 | 著　者 | 山　中　　直　明 |
|  |  | 馬　場　　健　一 |
|  |  | 淺　谷　　耕　一 |
|  | 発行者 | 株式会社　コロナ社 |
|  | 代表者 | 牛来真也 |
|  | 印刷所 | 三美印刷株式会社 |
|  | 製本所 | 有限会社　愛千製本所 |

112-0011　東京都文京区千石 4-46-10
発行所　株式会社　コロナ社
CORONA PUBLISHING CO., LTD.
Tokyo Japan
振替 00140-8-14844・電話(03)3941-3131(代)
ホームページ　http://www.coronasha.co.jp

ISBN 978-4-339-00915-6　C3055　Printed in Japan　　　　　(横尾)

〈出版者著作権管理機構　委託出版物〉
本書の無断複製は著作権法上での例外を除き禁じられています。複製される場合は，そのつど事前に，出版者著作権管理機構（電話 03-3513-6969，FAX 03-3513-6979，e-mail: info@jcopy.or.jp）の許諾を得てください。

本書のコピー，スキャン，デジタル化等の無断複製・転載は著作権法上での例外を除き禁じられています。購入者以外の第三者による本書の電子データ化及び電子書籍化は，いかなる場合も認めていません。
落丁・乱丁はお取替えいたします。

# 電子情報通信レクチャーシリーズ

■電子情報通信学会編　　　　　　　　　　（各巻B5判）

## 共　通

| | 配本順 | | | 頁 | 本　体 |
|---|---|---|---|---|---|
| A- 1 | (第30回) | 電子情報通信と産業 | 西村吉雄著 | 272 | 4700円 |
| A- 2 | (第14回) | 電子情報通信技術史<br>―おもに日本を中心としたマイルストーン― | 「技術と歴史」研究会編 | 276 | 4700円 |
| A- 3 | (第26回) | 情報社会・セキュリティ・倫理 | 辻井重男著 | 172 | 3000円 |
| A- 4 | | メディアと人間 | 原島博<br>北川高嗣共著 | | |
| A- 5 | (第6回) | 情報リテラシーとプレゼンテーション | 青木由直著 | 216 | 3400円 |
| A- 6 | (第29回) | コンピュータの基礎 | 村岡洋一著 | 160 | 2800円 |
| A- 7 | (第19回) | 情報通信ネットワーク | 水澤純一著 | 192 | 3000円 |
| A- 8 | | マイクロエレクトロニクス | 亀山充隆著 | | |
| A- 9 | | 電子物性とデバイス | 益川一哉<br>天川修平共著 | | |

## 基　礎

| | | | | | |
|---|---|---|---|---|---|
| B- 1 | | 電気電子基礎数学 | 大石進一著 | | |
| B- 2 | | 基礎電気回路 | 篠田庄司著 | | |
| B- 3 | | 信号とシステム | 荒川薫著 | | |
| B- 5 | (第33回) | 論　理　回　路 | 安浦寛人著 | 140 | 2400円 |
| B- 6 | (第9回) | オートマトン・言語と計算理論 | 岩間一雄著 | 186 | 3000円 |
| B- 7 | | コンピュータプログラミング | 富樫敦著 | | |
| B- 8 | (第35回) | データ構造とアルゴリズム | 岩沼宏治他著 | 208 | 3300円 |
| B- 9 | | ネットワーク工学 | 仙石正和<br>田村裕共著<br>中野敬介 | | |
| B-10 | (第1回) | 電　磁　気　学 | 後藤尚久著 | 186 | 2900円 |
| B-11 | (第20回) | 基礎電子物性工学<br>―量子力学の基本と応用― | 阿部正紀著 | 154 | 2700円 |
| B-12 | (第4回) | 波動解析基礎 | 小柴正則著 | 162 | 2600円 |
| B-13 | (第2回) | 電磁気計測 | 岩﨑俊著 | 182 | 2900円 |

## 基　盤

| | | | | | |
|---|---|---|---|---|---|
| C- 1 | (第13回) | 情報・符号・暗号の理論 | 今井秀樹著 | 220 | 3500円 |
| C- 2 | | ディジタル信号処理 | 西原明法著 | | |
| C- 3 | (第25回) | 電　子　回　路 | 関根慶太郎著 | 190 | 3300円 |
| C- 4 | (第21回) | 数　理　計　画　法 | 山下信雄<br>福島雅夫共著 | 192 | 3000円 |
| C- 5 | | 通信システム工学 | 三木哲也著 | | |
| C- 6 | (第17回) | インターネット工学 | 後藤滋樹<br>外山勝保共著 | 162 | 2800円 |
| C- 7 | (第3回) | 画像・メディア工学 | 吹抜敬彦著 | 182 | 2900円 |

| | 配本順 | | | | | 頁 | 本体 |
|---|---|---|---|---|---|---|---|
| C-8 | (第32回) | 音声・言語処理 | 広瀬 | 啓吉著 | | 140 | 2400円 |
| C-9 | (第11回) | コンピュータアーキテクチャ | 坂井 | 修一著 | | 158 | 2700円 |
| C-10 | | オペレーティングシステム | | | | | |
| C-11 | | ソフトウェア基礎 | 外山 | 芳人著 | | | |
| C-12 | | データベース | | | | | |
| C-13 | (第31回) | 集積回路設計 | 浅田 | 邦博著 | | 208 | 3600円 |
| C-14 | (第27回) | 電子デバイス | 和保 | 孝夫著 | | 198 | 3200円 |
| C-15 | (第8回) | 光・電磁波工学 | 鹿子嶋 | 憲一著 | | 200 | 3300円 |
| C-16 | (第28回) | 電子物性工学 | 奥村 | 次徳著 | | 160 | 2800円 |

## 展 開

| | 配本順 | | | | | 頁 | 本体 |
|---|---|---|---|---|---|---|---|
| D-1 | | 量子情報工学 | 山崎 | 浩一著 | | | |
| D-2 | | 複雑性科学 | | | | | |
| D-3 | (第22回) | 非線形理論 | 香田 | 徹著 | | 208 | 3600円 |
| D-4 | | ソフトコンピューティング | | | | | |
| D-5 | (第23回) | モバイルコミュニケーション | 中川 正雄 大槻 知明 | 共著 | | 176 | 3000円 |
| D-6 | | モバイルコンピューティング | | | | | |
| D-7 | | データ圧縮 | 谷本 | 正幸著 | | | |
| D-8 | (第12回) | 現代暗号の基礎数理 | 黒澤 馨 尾形 わかは | 共著 | | 198 | 3100円 |
| D-10 | | ヒューマンインタフェース | | | | | |
| D-11 | (第18回) | 結像光学の基礎 | 本田 | 捷夫著 | | 174 | 3000円 |
| D-12 | | コンピュータグラフィックス | | | | | |
| D-13 | | 自然言語処理 | 松本 | 裕治著 | | | |
| D-14 | (第5回) | 並列分散処理 | 谷口 | 秀夫著 | | 148 | 2300円 |
| D-15 | | 電波システム工学 | 唐沢 好男 藤井 威生 | 共著 | | | |
| D-16 | | 電磁環境工学 | 徳田 | 正満著 | | | |
| D-17 | (第16回) | VLSI工学 —基礎・設計編— | 岩田 | 穆著 | | 182 | 3100円 |
| D-18 | (第10回) | 超高速エレクトロニクス | 中村 徹 三島 友義 | 共著 | | 158 | 2600円 |
| D-19 | | 量子効果エレクトロニクス | 荒川 | 泰彦著 | | | |
| D-20 | | 先端光エレクトロニクス | | | | | |
| D-21 | | 先端マイクロエレクトロニクス | | | | | |
| D-22 | | ゲノム情報処理 | 高木 利久 小池 麻子 | 編著 | | | |
| D-23 | (第24回) | バイオ情報学 —パーソナルゲノム解析から生体シミュレーションまで— | 小長谷 | 明彦著 | | 172 | 3000円 |
| D-24 | (第7回) | 脳工学 | 武田 | 常広著 | | 240 | 3800円 |
| D-25 | (第34回) | 福祉工学の基礎 | 伊福部 | 達著 | | 236 | 4100円 |
| D-26 | | 医用工学 | | | | | |
| D-27 | (第15回) | VLSI工学 —製造プロセス編— | 角南 | 英夫著 | | 204 | 3300円 |

定価は本体価格+税です。
定価は変更されることがありますのでご了承下さい。

◆図書目録進呈◆

# 電気・電子系教科書シリーズ

(各巻A5判)

■編集委員長　高橋　寛
■幹　　　事　湯田幸八
■編集委員　江間　敏・竹下鉄夫・多田泰芳
　　　　　　中澤達夫・西山明彦

| 配本順 | 書名 | 著者 | 頁 | 本体 |
|---|---|---|---|---|
| 1.（16回） | 電　気　基　礎 | 柴田尚志・皆田新一 共著 | 252 | 3000円 |
| 2.（14回） | 電　磁　気　学 | 多田泰芳・柴田尚志 共著 | 304 | 3600円 |
| 3.（21回） | 電　気　回　路 I | 柴田尚志 著 | 248 | 3000円 |
| 4.（3回） | 電　気　回　路 II | 遠藤　勲・鈴木靖 共著 | 208 | 2600円 |
| 5.（27回） | 電気・電子計測工学 | 吉澤昌純・降矢典雄ほか 編著・共著 | 222 | 2800円 |
| 6.（8回） | 制　　御　　工　　学 | 西奥青西 共著 | 216 | 2600円 |
| 7.（18回） | ディジタル制御 | 青西俊立 共著 | 202 | 2500円 |
| 8.（25回） | ロ　ボ　ッ　ト　工　学 | 白水俊次 著 | 240 | 3000円 |
| 9.（1回） | 電　子　工　学　基　礎 | 中澤達夫・藤原勝幸 共著 | 174 | 2200円 |
| 10.（6回） | 半　導　体　工　学 | 渡辺英夫 著 | 160 | 2000円 |
| 11.（15回） | 電　気・電　子　材　料 | 中澤・押田・森・服部ほか 共著 | 208 | 2500円 |
| 12.（13回） | 電　子　回　路 | 須田健二 共著 | 238 | 2800円 |
| 13.（2回） | ディジタル回路 | 伊原・若海ほか 共著 | 240 | 2800円 |
| 14.（11回） | 情報リテラシー入門 | 室賀・山下ほか 共著 | 176 | 2200円 |
| 15.（19回） | C++プログラミング入門 | 湯田幸八 著 | 256 | 2800円 |
| 16.（22回） | マイクロコンピュータ制御<br>プログラミング入門 | 柚賀正光・千代谷慶 共著 | 244 | 3000円 |
| 17.（17回） | 計算機システム（改訂版） | 春日・舘泉ほか 共著 | 240 | 2800円 |
| 18.（10回） | アルゴリズムとデータ構造 | 湯田幸充・伊原充博 共著 | 252 | 3000円 |
| 19.（7回） | 電　気　機　器　工　学 | 前田勉・新谷邦弘 共著 | 222 | 2700円 |
| 20.（9回） | パワーエレクトロニクス | 江間敏・高橋勲 共著 | 202 | 2500円 |
| 21.（28回） | 電　力　工　学（改訂版） | 江間間斐・甲成彦ほか 共著 | 296 | 3000円 |
| 22.（5回） | 情　　報　　理　　論 | 三木・吉竹ほか 共著 | 216 | 2600円 |
| 23.（26回） | 通　信　工　学 | 吉川英機 共著 | 198 | 2500円 |
| 24.（24回） | 電　波　工　学 | 松田豊稔ほか 共著 | 238 | 2800円 |
| 25.（23回） | 情報通信システム（改訂版） | 宮南・岡田ほか 共著 | 206 | 2500円 |
| 26.（20回） | 高　電　圧　工　学 | 植月唯夫ほか 共著 | 216 | 2800円 |

定価は本体価格+税です。
定価は変更されることがありますのでご了承下さい。

図書目録進呈◆

# コンピュータサイエンス教科書シリーズ

（各巻A5判）

■編集委員長　曽和将容
■編集委員　　岩田　彰・富田悦次

| 配本順 | | | 頁 | 本体 |
|---|---|---|---|---|
| 1.（8回） | 情報リテラシー | 立花 康夫<br>曽和 将容<br>春日 秀雄 共著 | 234 | 2800円 |
| 2.（15回） | データ構造とアルゴリズム | 伊藤 大雄 著 | 228 | 2800円 |
| 4.（7回） | プログラミング言語論 | 大山口 通夫<br>五味 弘 共著 | 238 | 2900円 |
| 5.（14回） | 論理回路 | 曽和 将容<br>範公 司 共著 | 174 | 2500円 |
| 6.（1回） | コンピュータアーキテクチャ | 曽和 将容 著 | 232 | 2800円 |
| 7.（9回） | オペレーティングシステム | 大澤 範高 著 | 240 | 2900円 |
| 8.（3回） | コンパイラ | 中田 育男 監修<br>中井 央 著 | 206 | 2500円 |
| 10.（13回） | インターネット | 加藤 聰彦 著 | 240 | 3000円 |
| 11.（4回） | ディジタル通信 | 岩波 保則 著 | 232 | 2800円 |
| 12.（16回） | 人工知能原理 | 加納 政芳<br>山田 雅之<br>遠藤 守 共著 | 232 | 2900円 |
| 13.（10回） | ディジタルシグナル<br>　　　プロセッシング | 岩田 彰 編著 | 190 | 2500円 |
| 15.（2回） | 離散数学<br>—CD-ROM付— | 牛島 和夫 編著<br>相朝 利廣民雄一 共著 | 224 | 3000円 |
| 16.（5回） | 計算論 | 小林 孝次郎 著 | 214 | 2600円 |
| 18.（11回） | 数理論理学 | 古川 康一<br>向井 国昭 共著 | 234 | 2800円 |
| 19.（6回） | 数理計画法 | 加藤 直樹 著 | 232 | 2800円 |
| 20.（12回） | 数値計算 | 加古 孝 著 | 188 | 2400円 |

## 以下続刊

| | | | |
|---|---|---|---|
| 3. | 形式言語とオートマトン | 町田 元 著 | |
| 9. | ヒューマンコンピュータ<br>　　インタラクション | 田野 俊一<br>高野健太郎 共著 | |
| 14. | 情報代数と符号理論 | 山口 和彦 著 | |
| 17. | 確率論と情報理論 | 川端 勉 著 | |

定価は本体価格＋税です。
定価は変更されることがありますのでご了承下さい。

図書目録進呈◆

# 情報ネットワーク科学シリーズ

（各巻A5判）

コロナ社創立90周年記念出版 〔創立1927年〕

- ■電子情報通信学会 監修
- ■編集委員長　村田正幸
- ■編 集 委 員　会田雅樹・成瀬　誠・長谷川幹雄

本シリーズは，従来の情報ネットワーク分野における学術基盤では取り扱うことが困難な諸問題，すなわち，大量で多様な端末の収容，ネットワークの大規模化・多様化・複雑化・モバイル化・仮想化，省エネルギーに代表される環境調和性能を含めた物理世界とネットワーク世界の調和，安全性・信頼性の確保などの問題を克服し，今後の情報ネットワークのますますの発展を支えるための学術基盤としての「情報ネットワーク科学」の体系化を目指すものである．

## シリーズ構成

| 配本順 | | 著者 | 頁 | 本体 |
|---|---|---|---|---|
| 1.（1回） | **情報ネットワーク科学入門** | 村田正幸<br>成瀬　誠 編著 | 230 | 3000円 |
| 2.（4回） | **情報ネットワークの数理と最適化**<br>―性能や信頼性を高めるためのデータ構造とアルゴリズム― | 巳波弘佳<br>井上　武 共著 | 200 | 2600円 |
| 3.（2回） | **情報ネットワークの分散制御と階層構造** | 会田雅樹著 | 230 | 3000円 |
| 4.（5回） | **ネットワーク・カオス**<br>―非線形ダイナミクス，複雑系と情報ネットワーク― | 中尾裕也<br>長谷川幹雄 共著<br>合原一幸 | 262 | 3400円 |
| 5.（3回） | **生命のしくみに学ぶ**<br>**情報ネットワーク設計・制御** | 若宮直紀<br>荒川伸一 共著 | 166 | 2200円 |

定価は本体価格+税です。
定価は変更されることがありますのでご了承下さい。

図書目録進呈◆